괜찮냐고
마흔이 물었다

작가의 고유의 글맛을 살리기 위해

한글 맞춤법에 맞지 않는

일부 표현을 수정하지 않았습니다

괜찮냐고 마흔이 물었다

이송이

엄마로 살면서, 더 나은 사람이 되었다

세 아이를 키우고 직장 생활을 하는 중 책을 한 권 출간했다. 책이 세상에 나오는 날, 넷째가 뱃속에서 자라고 있다는 사실을 알았다. 책과 사람이 동시에 내 삶에 들어왔다. 책이 나온 기쁨을 재앙과도 같은 입덧이 집어삼켰다. 먹고 토하고 먹고 토하면서 변기를 붙잡고 산 끔찍한 시간들을 세상에 먼저 나온 내 책이 토닥였다. 출간된 책이 세상 곳곳에 돌아다니며 사람을 연결시켰고, 그 사람들이 내 책을 읽고 쓴 글이 나한테 와닿았다. 신물을 쏟고 아무렇게나 널부러져 인터넷에 올라온 소감 글을 읽으면서 미소를 지었다. 재앙과도 같은 입덧의 시기가 지나고 배불뚝이 임신부의 몸으로 그동안 만나지 못했던 독자들을 북토크나 강연을 통해 만나는 기회도 가졌다.

그것도 잠시, 넷째가 세상에 나오고 나니 다시 우울의 구렁텅이로 빠지고 말았다. 이제 막 책과 함께 세상과 소통하는 달콤한 맛에 빠져들려 했는데 세상에 나온 너무 작은 이 아가는 나를 자주 주저앉혔다.

젖 주려고 소파에 앉아 젖을 물리면 나도 모르게 눈물이 주르륵 흘러내렸다.

'왜 하필 지금……'

'세 명 키우는 것도 버거운데 무슨 넷째까지.'

'네 명을 키울만한 능력도 안 되는데 어쩌면 좋을까.'

눈물은 이런 우울한 생각들을 함께 데려왔고 난 점점 몸과 마음이 만신창이가 되어갔다. 세 명의 아이들을 돌보며 갓난쟁이 젖을 물리며 사는 일은 늘 버거웠고 수시로 울컥울컥 하는 날들이 많았다. 잠이 부족하고 아가가 잘 때 함께 자지 않으면 그다음 시간 속에서 좀비가 되어 갈 내 모습이 상상이 되어도 난 자꾸만 자는 것보다 쓰는 것을 택했다.

뭐라도 쓰니까 숨을 쉴 수가 있었다. 틈을 비집고 들어오는 긍정적인 생각들로 우울한 마음이 조금씩 물러나기 시작했다. 아이가 걷기 시작하자 숨통이 트였다. 막내가 어린이집에 가면서 내 시간도 생겼다. 온전한 내 시간이 생기니 기쁘고 좋았다.

인생은 산 넘어 산이고 늘 예측불허다. 이번에는 코로나 바이러스가 삶을 송두리째 흔들어댔다. 네 명의 아이들이 집에 머물렀다. 먹이고 공부시키는 일이 엄마 몫으로 던져졌다. 생애 주기가 다른 아이들 네 명을 키우는 일의 버거움에 숨이 턱턱 막혔다.

이런 시간들을 통과하고 한 숨 돌리고 있을 때, 마흔이 조용히 내게 다가와 괜찮냐고 물었다. 이제야 내가 보였다. 마흔이 된 나는 초등학교 4학년 큰딸과 네 살 아이 그리고 그 중간에 초등 1학년, 2학년, 연년생 아들 둘을 키우고 있다.

정말 애썼다고 애쓰고 있다고 앞으로도 애쓰라고 나 자신을 다독이며 지금까지 잠깐의 틈이 허락될 때 화장실에 들어가서, 베란다에 숨어서, 모두 잠든 새벽에 졸린 눈을 비비며 살려고 썼던 글들을 가지런히 모아본다.

이 책이 삶의 가운데, 마흔 언저리에서 잠시 쉬어가며 지나온 마흔의 생을 애썼다고 쓰다듬고 앞으로 살아갈 마흔에게 기운을 북돋는 그런 책이었으면 한다. 우선은 지금까지 애쓴 나를 위해 그리고 이 책을 집어든 그 누군가를 위해 정성과 온기를 담아본다.

엄마에게 수많은 글감을 제공하며 좌충우돌 경험을 통해 오늘도 엄마를 성장시키는 민아, 민혁, 민유, 민찬에게 정말 고맙다. 늘 곁에서 묵묵히 지지하고 응원해주는 내 삶의 동반자, 남편에게도 고마운 마음을 전한다.

앞으로의 남은 마흔도 늘 내 편이 되어줄 가족들과 귀한 인연들과도 이 책을 나누고 싶다. 생각지도 않게 생긴 넷째와 그 위 세 명의 아이들을 돌보며 마흔 살이 된 나 자신에게 주는 선물이라 여기는 이 책이 마흔을 건너는 그 누군가의 마음에도 작은 공감으로 가 닿았으면 좋겠다.

마흔 살 이송이

PART 2

환장할 엄마 노릇

PART 3 ───────────────────────

엄마의 불행복

PART 4

생초보 넷째엄마

PART 5

마흔 살 엄마

PART 1.

넷째 아이

또다시 누군가의 엄마가 되다

· · ·

남편은 웃고 나는 울었다. 임신 테스트기를 사러 간 약국에서 울상인 내 표정을 보고 남편은 "인상 좀 펴, 네가 그러고 있으면 내가 정말 나쁜 놈 된 거 같잖아."라고 말했다. 어제부터 속이 이상했다. 이번 달도 너무 정신없이 사느라 한 달에 한 번 하는 연례행사가 있었는지 없었는지도 인지하지 못했다.

남편한테 카카오톡으로 이 상황을 알렸다. 나 혼자 감당하기 힘든 이 짐을 나눠지고 싶었다.

"여보, 몸 상태가 이상해요. 속이 계속 메슥거리고 기운이 없어요."

이미 세 번이나 겪었다. 예상이 빗나가지 않는다면 이번에도 틀림없는 일이다. 남편은 잠시 고민하다 답장을 보냈다.

"테스트를 한번 해 봅시다. 그런데 걱정하지 말아요. 아무리 생각해도 올챙이를 보낸 적이 없어요."

웬 올챙이? 그때서야 알아차리고 피식 웃었다.

함께 약국에 가서 테스트기를 구입했다. 대형마트 화장실 앞에서 남편은 기다리고 난 바로 화장실로 향했다. 가슴 두근거리며 결과를 기다렸다. 오줌이 적셔진 부분이 연분홍빛으로 변하면서 진한 분홍색 선이 한 줄 생겼다. 연이어 또 한 줄이 생겼다. 눈을 의심하며 설명서를 다시 찾아 읽어보았다. 한 줄은 비임신. 두 줄은 임신. 테스트기를 한 개 더 샀다. 아침 소변이 가장 정확하다며 내일 아침에 한 번 더 해보기로 했다. 결과는 같았다.

다음 날, 임신을 확인하러 산부인과에 들렀다. 의사가 물었다. "둘째신가요?" "아니오, 넷째요." 살짝 당황한 듯 보이는 의사는 서둘러 초음파로 아가를 보러 가자고 했다.

넷째는 나에게도 조금 버겁다. 산부인과는 이제 영원히 안녕인 줄 알았는데 소아과만 다니면 되는 줄 알았는데 또다시 산부인과라니 난 두렵다.

이제 6주 되었다는데 이미 내 자궁 깊숙이 파고든 그 새 생명은 안전하게 자리를 잘 잡았다고 했다. 재앙 같은 입덧도 이미 시작되었다. 버스를 오래 타서 토할 것 같은 느낌이 24시간 지속된다. 먹긴 먹는데 먹은 것은 여지없이 다시 넘어온다. 변기를 붙잡고 살고 있다. 입덧의 고통이 너무 커서 다시는 애 낳지 않을 거라고 결심하곤 했다. 셋째까지는 그렇다고 해도 넷째라니 마냥 좋지만은 않았다. 내 인생은 어떻게 되는 건가 하고 생각도 했다.

이런 내 감정과는 상관없이 남편은 입이 귀에 걸렸다. 좋아만 하는 것이 아니라 행동으로 보여주고 있다. 온갖 집안일이며 육아까지 모든 것을 도맡아 하면서도 웃음이 떠나질 않는다.

"애들아, 엄마 뱃속에 동생 자라고 있으니까 엄마 말씀 잘 들어."

"동생 태어나면 우리 가족 여섯 명이 되는 거야? 신나지 않니?"

진정으로 좋아하는 마음이 삶 구석구석에 묻어난다. 그렇게 좋아해주니 토하고 나서 기운 없어 누워있으면서 희미한 미소를 짓는다. 저렇게 좋을까. 다른 사람들은 다들 걱정부터 하던데 걱정도 안 되나? 나 혼자 이런저런 생각이 많다.

나는 이렇게 또다시 누군가의 엄마로 불리게 되었다. 세 명을 주신 것도 감사한 일인데 한 명 더 주신 것은 더 특별하고 의미 깊다. 네 명의 아이들을 키우며 사는 삶이 내 삶의 지평을 얼마나 더 넓혀줄지 벌써부터 가슴이 설렌다. 동시에 내가 정말 네 명의 엄마로 살아갈 수 있는 것인지 겁도 나고 두렵다.

입덧은 너무 힘들지만 우리 아이들 네 명이 옹기종기 앉아 서로 의지하고 부대끼며 살아갈 시간들을 생각하면 거뜬히 이길 수 있다. 또다시 누군가의 삶 전부인, 엄마로 살아가는 일이 부담스럽고 무겁지만 그 빛나는 축복의 비를 기꺼이 맞으려고 한다.

차오르는 잉태의 고통

• • •

고통 중에 있다. '잉태하다'는 '임신하다'와 동의어로 '아이를 뱀'이라는 뜻이다. 아이를 배게 되면 태아의 성장 발달을 돕는 방향으로 엄마의 몸은 바뀌기 시작한다. 이 과정에서 태반에서 분비되는 각종 호르몬의 영향으로 임신 초기에 입맛이 떨어지고 구역질이 나는 증세, 즉 입덧에 시달린다.

난 평소에 농담인 듯 진담인 듯 입버릇처럼 말해왔다. 내가 애 낳는 것은 순풍 순풍 정말 잘하는데 입덧이 너무 심해서 정말 힘들다고. 입덧 생각하면 정말 끔찍하고 무섭다고. 임신은 축복이지만 임신과 함께 찾아오는 입덧은 매번 내게 재앙이다. 네 번이나 하고 있는 이 끔찍한 입덧은 매번 낯설고 힘들다.

큰 아이가 올해 초등학교에 들어갔다. 며칠 전, 학교 보건실에서 연락이 왔다. 처음이었다. 불안한 마음으로 보건 선생님과 통화했다.

"민아가 힘이 없고 열이 나서요. 해열제를 먹여도 될까요?"

"제가 지금 데리러 갈게요."라고 말씀드리고 서둘러 민아에게 달려갔다.

달려가는 중 이런저런 생각들이 나 자신을 괴롭힌다. 민아는 분명 엄마에게 말했다.

"엄마 나 목이 아파. 엄마 나 어지러워. 엄마 나 머리 아파."

그 수많은 말들은 토하기를 반복하며 쓰러져 있던 내 귀에 그냥 들어왔다 나가버렸다. 내 몸이 죽겠으니 딸자식 아픈 것에 이다지도 무딘 엄마가 되고 말았다.

아침 등굣길, 첫째, 둘째, 셋째 모두 건강 상태가 별로다. 한 아이는 목이 아프고, 한 아이는 콧물이 질질 나고, 또 한 아이는 기침을 한다. 세 명 모두 감기 바이러스의 공격을 받고 있었다. 내 입덧 가라앉히겠다고 냉동실 가득 잔뜩 사놓은 아이스크림이 원인이었다. 밥을 할 수가 없으니 매일 배달 음식 아니면 어묵이나 햄 볶음 같은 인스턴트 음식으로 아이들의 주린 배를 채워주던 시간들도 머릿속을 스쳤다. 나는 또다시 괴롭다.

'있는 애들이나 잘 키우지. 깜냥도 안 되면서 무슨 한 명 더 낳겠다

고….'

남편의 체력도 한계치에 부딪힌 듯 보인다. 매일 야근하고 들어와서도 우렁각시처럼 집안일을 다 하고 나서야 겨우 잠을 청했다. 아침에 일어나 말끔해진 집안을 보고는 짠한 마음과 고마움이 내 마음을 덮치곤 했다.

분명 내 것이라 여기고 살던, 내 정신과 몸뚱이가 결국 내 것이라고 할 수 없다. 내 삶이 내 것이라 주장할 수 없는 시간 속에 내가 있다. 열나는 민아를 집으로 데리고 왔다. 약을 먹이고 우리는 함께 누웠다. 감기로 아픈 딸과 입덧으로 아픈 엄마는 그렇게 나란히 누웠다.

"민아야, 엄마는 민아가 학교에서 공부하는 동안 이렇게 매일 토하고 누워 있어."

"엄마, 나는 엄마가 집에서 좋아하는 책도 마음껏 보고 글도 쓰고 자유롭게 잘 지내는 줄만 알았어."

"민아야, 지금 엄마는 그런 일들은 못해. 엄만 그냥 있는 것도 너무 힘들어. 아무것도 할 수가 없어."

민아가 나를 안아주더니 토닥토닥해준다.

"엄마, 나 임신했을 때도 이렇게 힘들었어? 이 힘든 걸 한 번, 두 번, 세 번, 네 번 하고 있는 거야? 엄마, 진짜 고생한다."

여덟 살 딸이 또 나를 울린다. 속 깊은 딸이 옆에 있어 행복하고 감사하다. 이 고통의 터널을 씩씩하게 건너보겠노라고 다부진 결심도 하게 된다.

어제가 최고로 힘든 날인 줄 알았는데 오늘은 더 힘들다. 이제 토하는 건 일도 아니다. 저 마지막 쓴 물까지 쏟아내는 토하기가 아니기를 바랄 뿐이다. 점점 더 먹고 싶은 것이 없어진다. 점점 더 하고 싶은 것도 없어진다.

점점 마음까지 우울해진다. 점점 말라가고 얼굴은 파리해진다. 그럼에도 불구하고 감사함을 잃지 않는다. 아는 병이기에 기약이 있는 고통이기에 끝도 없는 병마의 고통 속을 헤매는 많은 사람들도 떠올려본다. 나는 진다. 감사치 않을 수 없는 인생이다. 나는 고통 중에 성장하고 있다. 네 아이 엄마로 살아갈 삶의 지평을 한 뼘씩 넓혀본다.

입덧을 데리고 사는 법을 조금씩 배우다

· · ·

임신부는 항상 불안하다. 아이가 뱃속에서 잘 자라고 있는지 불안하고 이 음식을 먹어도 아이한테 해가 되지 않는지 불안하다. 주변 사람들은 네 번째 겪고 있는 내가 입덧에도 베테랑일 거라 여긴다. 그렇지 않다. 같은 강물에 발을 담글 수 없듯이 찾아오는 아이마다 엄마가 되는 고통 역시 각각이다. 매번 찾아오는 입덧이 극심한 고통임은 한결같다. 그렇다고 네 번째 반복한다는 것이 그 고통을 경감시켜 주진 않는다.

매일 블로그에 글을 쓴다. 이 고통 중 유일하게 지속하고 있는 일 중

하나가 '글쓰기'다. 글쓰기로 입덧의 고통을 달랜다. 그날도 얼마나 힘들었는지, 얼마나 토했는지, 엄마 되기가 얼마나 힘든지에 대해 썼다. 글 속에선 토하고 들어간 약국의 여자 약사와의 대화가 나온다.

"입덧 완화시키는 약은 없나요?"

"시간이 약입니다."

나이 지긋한 여 약사는 희미한 미소를 지으며 말했다. 입덧약을 구할 정도로 입덧이 고통스럽다고 쓰며 내 글은 사람들의 위로를 갈구하고 있었다. 내 소망대로 많은 분들이 댓글로 응원과 지지를 보냈다. 그중에 한 댓글이 눈에 띄었다.

"모르시는 것 같아서 알려드릴게요. 입덧 완화제가 시중에 나와 있어요. '디클렉틴'이라고. 너무 심하시면 인터넷 검색해 보시고 한 번 드셔 보셔요."

그 글을 보고 눈에 불을 켜고 '디클렉틴'에 대해 검색해 보기 시작했다. 한정열 교수 연구팀은 "임산부들은 입덧 증상이 있는 것만으로도 삶의 질이 떨어지고 증상이 심할수록 그 정도가 급격히 악화된다는 사실도 조사 결과 확인됐다"라고 말하면서 '디클렉틴'이 임산부 입덧 치료에 효과와 안정성이 입증되었다고 했다. 효과와 안정성이 입증되었다고 하는데도 불안했다. 입덧이란 자연스러운 현상을 약물로 억지로 조절한다는 것이 꺼림칙했다.

임신을 확인하고 한 달 만에 찾은 산부인과에 들어서자마자 의사 선생님께 물었다.

"선생님, 입덧 완화제요, 디클렉틴인가? 그거 먹어도 괜찮을까요?"

"국내에서 안정성이 입증된 입덧약은 그거 하나예요. 너무 심하시면 드셔도 됩니다. 이미 많은 산모들이 처방받아 드시고 있고 어떤 부작용은 나온 적이 없습니다."

그 말을 듣고도 나는 바로 '처방해주세요.'라는 말을 못 하고 계속 망설였다. 그런 나를 보고 "너무 심하셔서 아무것도 못 드시면 차라리 약을 드시는 게 더 낫다고 생각합니다."

"선생님, 저는 못 먹지는 않아요. 먹긴 먹는데 다 토해서 그렇지… 조금 버텨볼게요."

그렇게 말하고 우리는 뱃속 아이를 보러 갔다. 6주 차에 임신 확인을 하고 중간에 한 번 더 병원에 왔어야 했는데 넷째 엄마의 여유를 부렸다. 한 달 만에 찾은 병원이다. 임신 10주 차가 되었다. 침대에 누워 초음파로 배를 보기 시작했다. 남편과 나는 눈이 휘둥그레지고 말았다. 눈 코 입 팔다리가 다 생겨있었다. 4.3cm라는 작은 생명체 안에 필요한 부분들이 다 만들어져 가고 있었다. 겨우 10주 만에 일어난 일이다. 이 작은 생명체 안에 말이다. 새삼 생명 탄생의 경이로움마저 느껴졌다.

남편과 나는 이 아이가 우리가 생애 처음 만나는 아이처럼 호들갑을 떨며 좋아했다.

"우와, 선생님, 언제 이렇게 아이가 컸어요?

아니, 이제 10주 차인데 이렇게 팔다리가 다 생기다니요?"

의사 선생님께서 우리의 호들갑 떠는 모습을 보시고 "넷째에게도 관심을 좀 가져 주세요."라고 말씀하셔서 우리 모두는 활짝 웃었다. 눈물이 나려고도 했다. 이렇게 크려고 내가 이렇게 힘들었구나. 사람의 형태가 되어 가기 위해 입덧이 그렇게도 심했던 것이구나.

병원에서 돌아오는 길, 몇 번을 차를 세우고 토해야 했다. 아가를 보기 전과 보고 난 후 마음가짐이 달랐다. 한 생명 키워내는 것이 어디 쉬운 일인가. 이렇게 키우기 위해 겪어야 하는 고통이라면 이 고통의 비를 기꺼이 맞으련다. 조금씩 입덧을 데리고 사는 법을 배운다.

내 온 삶을 관통하는 입덧

• • •

입덧은 내 온몸, 온 삶을 관통하고 있다. 입덧은 내 온 삶, 내 가족의 온 삶까지 뒤흔들어 놓았다. 입덧의 고통에 굴복당하느냐 입덧을 굴복시키느냐 사이를 하루에도 수십 번씩 오간다. 내가 할 수 있는 모든 것을 해 보았다. 하루는 계속 피곤한 육체가 시키는 대로 하루 종일 누워만 있었다. 육체가 하고자 하는 대로 다 해 주었다. 머리가 더 깨질 것만 같고 몸은 더 늘어졌다. 다른 방도를 찾았다. 어떻게든 천근만근 무거운 육체를 이끌고 다니며 조금씩이라도 몸을 움직여 집안일을 해 보았다.

책을 읽을 수도, 글을 쓸 수도 없다. 휴직하고 시간이 많으면 가장 하고 싶었던 일이었다. 읽고 쓰는 일. 읽고 싶은 책도 쓰고 싶은 글도 정말 많았지만 지금 내 상황에서는 다 내려놓아야 할 욕심이었다. 지금까지 내가 지키려고 노력해오던 소신, 계획, 삶의 생활 수칙들이 하나씩 하나씩 모두 깨지는 것들을 지켜보는 형벌을 감내해야 했다.

내 몸은, 내 삶은 이미 내 것이 아니었다. 육체의 허물어짐은 결국 정신까지 넘보기 시작했다. 나는 조금씩 우울해졌다. 집에서 아무리 아이들이 난리를 쳐도 한마디도 하지 않는 그림자 엄마가 되어 가기 시작했다. 우울은 점점 삶을 갉아먹기 시작했다. 그럴수록 점점 더 우울해지는 악순환이 되풀이되었다.

꼬리에 꼬리를 무는 나쁜 생각들이 나를 더 깊은 우울의 구렁텅이 속으로 밀어 넣었다. 후회와 자책이 마음을 채웠다.

'그래, 조금 더 조심했어야 했어. 내 나이와 이미 아이가 세 명이나 있는 상황과 처지를 고려했어야 했어. 능력도 안 되면서 욕심만 부린 거야.'

물론, 생명은 인간의 선택 영역이 아니라 신의 선물이라는 것을 알고 있다. 그렇다고 하더라도 우리 부부는 조심했어야 했다. 밀려드는 후회와 자책은 이미 늦었을 뿐 아니라 뱃속 아이에게도 미안한 일일 뿐이다. 이 생각들이 드는 것 자체에 죄책감까지 더해져 몸과 마음은 만신창이가 되고 만다.

다시 몸을 움직이고 정신과 마음을 가다듬어 본다. 이러다간 정말 입덧에 굴복당하고 말 것 같다. 아무리 허물어진 육체가 행복 가득하고 긍정적인 정신까지 넘본다 해도 정신까지 허물어져선 안 된다고 마음을 다잡아 본다.

네 명의 아이를 키우는 엄마의 삶이 내 삶에 얼마나 많은 풍파와 글감을 가져다줄지 생각해 본다. 지금 단절된 직장 경력, 책 읽고 글 쓰는 삶의 공백은 시간이 지나면 더 크게 채울 수 있다. 지금 느끼는 네 번째 엄마가 되는 고통이 내 삶을 더욱 단단하고 성장하게 할 것을 안다. 올해 8살, 6살, 5살이 된 우리 아이들은 뱃속 아이를 사랑으로 보듬어주고 기다리고 있다. 아이들에게도 신생아 동생 경험은 귀한 것이다. 누구나 겪을 수 있는 일이 아닌 고귀한 경험이 될 것이다.

엄마 되는 것이 어디 쉬운 일인가, 네 명의 아이들을 키워내기 위한 강한 엄마로 준비되기 위해 지금 이 입덧이란 고통이 주어졌나 보다. 무용한 것은 없다. 마음 가다듬어 결코 쉽지 않은 이 환장할 엄마 노릇 오늘도 기꺼이 해 보련다.

엄마라는 이름의 그 묵직함

· · ·

초등학생이 된 큰 딸의 방학이다. 함께 손잡고 고운 맘 카드를 만들러 농협에 들렀다. 아이사랑카드로 보육료 결제하며 살면 되는 줄 알았다. 다시 고운 맘 카드로 회귀다. 임산부에게 이 카드는 필수다. 이 카드를 통해 임산부에게 산부인과 진료비가 지원된다.

"고운 맘 카드 만들러 왔어요." 라고 말하며 임신 확인서와 신분증을 내밀었다. 옆에 앉은 딸을 힐끗 쳐다본 창구 직원이 물었다.

"아이들이 터울이 좀 있겠네요. 태어날 아이가 둘째시죠?"

"아니요. 중간에 아들 둘이 더 있어요. 넷째예요."

내 또래로 보이는 여자 직원은 당황한 듯했다.

"넷째요?"

잠시 후 중얼거리는 작은 말소리가 귓가에 맴돈다.

"낳긴 낳는다고 해도 어떻게 키워요? 넷을…."

입덧으로 계속 토해서 창백해진 내 얼굴을 보고는 나무라듯, 불쌍한 듯 내뱉은 말은 내 가슴에 가시가 되어 꽂히고 말았다. 지금 나를 덮친 고통이 너무 커서 생각하지 못했다. 아니 생각을 회피했다. 네 명의 아이가 짐짝처럼 느껴질라치면 나는 얼른 고개를 흔들었다.

네 명이 서로 부대끼고 의지하며 밝게 살아갈 모습만을 떠올렸다. 그 힘이 나를 버티게 했다. 그 여직원 말속에서 힘없이 무너지는 나 자신을 발견했다. 무서웠지만 그런 생각을 피했던 것이다. 왜 나라고 무섭지 않겠는가. 사람은 누구나 희생에 대한 두려움이 있다. 주변 사람들을 보아도 아이를 아예 낳지 않거나 낳더라도 한 명, 두 명이 전부다.

아이들을 키우는 데는 분명 경제적, 시간적 희생이 뒤따른다. 그 희생과 못지않은 행복이 동반되는 일임에 분명 하나 가늠할 수 있는 행복감이 희생을 넘어서지 못하면 두려움에 사로잡히고 만다. 아이 때문에 희생하고 살아가야 할 내 인생에 대한 그 두려움 말이다. 나 또한 그 시간이 두렵다.

어찌 나라고 두렵지 않겠는가. 더군다나 나는 아이가 셋일 때도 나에 대해 입버릇처럼 말하곤 했다. "애는 셋이나 낳고는 자아실현 욕구가 참 강해서 하고 싶은 게 엄청 많은 꿈 많은 엄마다."

막내가 다섯 살이 되니 말귀도 알아듣고 이제 좀 숨통이 트이는가 싶었다. 지금도 가끔 이불에 오줌을 싸기는 하지만 기저귀를 떼니 다 큰 깃같이 수월했다. 이제 엄마 말고 형과 누나와 곧잘 어울려 노는 시간이 늘었다. 숨 쉴 공간, 숨 쉴 여유가 생긴 것 같아 마냥 좋았다.

그 자투리 시간을 이용해 어떻게든 나만의 꿈을 펼쳐왔다. 아이들이 자는 새벽 시간을 이용해 꿈에 선명하게 색칠해 나갔다. 글쓰기로 삶을 풍요롭게 만들었다. 일기장에만 쓰던 글을 블로그에 올리고 책에도 담기 시작했다.

1년여 만에 '행복 메신저의 꿈 충전소'라는 블로그에 '행복한 꿈쟁이 작가'로 자리매김했다. 내 삶을 담은 책도 출간했다. 책은 날개를 달고 여기저기 내가 갈 수 없는 곳을 날아다니고 있다. 이제 강연을 통해 더 많은 사람들과 소통하려고 했다.

책에 담은 내 삶의 이야기를 직접 내 입을 통해 생생하게 전달하는 게 나의 또 다른 꿈이다. 꿈이 내 눈앞에 와 있는 듯했다. 그러던 찰나 넷째가 찾아왔다. 마냥 기뻐할 수만은 없었다.

'왜 하필 이때…' 라는 한숨 섞인 말이 절로 나왔다.

넷째는 내 삶을 다시 옴짝달싹할 수 없는 '엄마'라는 삶 속으로 붙들고 간다. 잠시 트였던 숨통이 다시 탁 막히는 기분이다. 직장에서도 7

급 승진을 코앞에 둔 시기에 휴직을 하고 가정주부로 돌아왔다. 책 홍보 및 강연 등 가장 활발하게 활동해야 할 지금 이 시간에 변기를 붙잡고 살고 있다. 지금까지 다듬고 꾸려온 삶의 모든 것들이 송두리째 흔들리고 있다.

내 인생이 내 것이 아닌 것 같은 그 시간을 보내고 있다. 새 생명을 품고 있는 내 몸은 이미 내 것이 아니었다. 어젯밤에도 잠들기 전 모든 것을 토했다. 끝내는 저 깊숙한 곳의 쓴 물이 올라왔다. 눈물인지 콧물인지 토한 물인지 모를 액체들이 뒤범벅이 되어 얼굴을 덮쳤다.

눈물을 쏟아내며 수돗물로 입을 헹궈냈다. 입 안을 가득 채운 수돗물이 그렇게 달게 느껴질 수가 없었다. 이제 좀 내 인생 좀 찾자고 할 시기에 또다시 누군가의 엄마로 살라고 한다.

인생은 내 마음대로 되는 게 하나도 없다. 입덧의 고통 속을 거닐면서 나는 한없이 겸손해진다. 삶의 겸허함을 느낀다. 내 뜻대로 되는 것이 아무것도 없음을 몸서리쳐지는 이 고통 속에서 또 한 번 경험한다. 지금 당장 입덧은 재앙이지만 이 시간을 통과해야 예쁜 아이가 탄생하듯 고통 없이 얻어지는 것은 아무것도 없다.

의미 없는 고통은 이 세상에 없다. 내가 지금 겪고 있는 이 고통은 세상 그 무엇보다 귀한 의미가 있기에 난 오늘도 토할 것을 알지만 기꺼이 먹고 또 변기로 향할 준비를 한다. 또 하나의 귀한 생명체의 '엄마'로 살아가기 위해서.

삶을 송두리째 흔들고 있는 입덧의 고통

• • •

아이들이 집을 떠나있는 사이 나는 혼자였다. 집에 혼자 덩그러니 남아 엉망인 집안 꼴을 본다. 뭐라도 해야 하는데 엄두가 안 난다. 세탁기에 빨래 한가득 집어넣고 와서 앉아서 쉬면서 기력을 회복해야 다음 행보를 이어갈 수 있다.

체력은 바닥을 치고 있고 그에 따라 내 마음까지 우울해지기 시작했다. 늘 건강 체질이라 자부하며 살았다. 병원 신세는 물론 잔병치레 한 번 하지 않고 살았다. 그랬던 내게 아픈 몸은 적응이 안 된다. 내 몸이 내 것이 아닌 삶이 영 낯설다.

얼마 전, 큰 아이가 다니는 초등학교에서 '나, 돌봄을 위한 길을 묻다'라는 주제로 학부모 연수가 있었다. 왜 자신을 돌봐야 하는지 자기를 제대로 돌보지 못해 아프면 나머지 가족들이 느낄 감정들에 대해 서로 이야기해 보는 시간을 가졌다.

아이를 맞이하기 위한 축복의 고통 속에 있는 것이기는 하지만 비정상적인 엄마 때문에 우리 집은 조금씩 힘들어지고 있다. 직장 생활에 육아의 부담까지 혼자 감당해야 하는 남편은 조금씩 지쳐간다. 아이들은 먹는 것을 잘 챙겨주지 못하니 영양 상태가 우려스럽다. 난 늘 그런 가족들에게 미안하다.

내가 아픈 사람이 되었을 때 어떨지 감히 이 삶의 경험이 느끼게 해준다. 몸이 지치면 마음은 자연스레 따라간다. 아무것도 할 수 없을 것 같은 우울한 감정은 삶 전체를 지배하고 있다. 이래도 되는지 이러다 어떻게 되는 것은 아닌지 늘 불안하다.

임신 6주 차에 입덧이 시작되면서 새 생명이 내 안에서 자라고 있는 것을 알게 되었다. 지금은 임신 13주 차가 되었다. 나는 입덧의 고통 속을 거의 두 달 동안 겪고 있었다. 그리고 한 달 정도 후면 이 고통이 거짓말처럼 사라질 것을 안다.

첫째 때도 그랬고 둘째 때도 그리고 셋째 때도 그랬으니까 넷째 때도 그러리라고 어렵지 않게 가늠해 볼 수 있다. 늘 일기를 써왔다. 그 당시 일기장을 펼쳤다. 지금 느끼는 입덧의 고통이 글에 고스란히 담겨 있었다. 입덧이 너무 고통스러워 첫째 때부터 다시는 애를 가지지 않겠다고 다짐해 놓고선 어쩌다 나는 넷째까지 갖는 엄마가 되었을까.

어제가 제일 힘든 것 같았는데 오늘은 더 힘든 날이 이어진다. 버스를 너무 오래 타서 속이 울렁거리고 머리는 깨질 것처럼 아프고 먹기만 하면 도로 올라온다. 먹은 것도 없는데 토하려니 눈물 콧물이 쏙 빠진다. 이 상황이 너무 힘들어 변기를 붙잡고 울고 있는데 속도 모르는 구토는 또다시 시작된다. 쓴 물까지 끝까지 토하고 나서야 끝이 난다. 이 고통의 시간이 끝이 있다는 것을 머리로는 아는데 지금은 끝이 보이질 않는다. 시간은 어찌 이다지도 더디 가는지 시간을 날아가게 할 수만 있다면 입덧이 끝나는 시점으로 날아가게 하고 싶다.

아이들이 집으로 모두 돌아왔다. 아빠가 목욕을 시키고 아이들이 거실에서 뛰고 놀고 있다. 나는 병든 닭처럼 기운 없고 머리가 깨질 것 같아 어두컴컴한 방구석에 혼자 누워있다. 하루 종일 잠을 잤더니 이제 잠도 안 온다.

이 상황이 너무 진절머리가 나고 힘들어 어둠 속에 우두커니 앉았는데 눈물이 왈칵 쏟아진다. 소리 없이 흐느끼고 있는데 막내가 엄마가 보고 싶어 방문을 열었다 울고 있는 엄마를 발견한다. 다섯 살 아들은 모든 상황을 알겠다는 듯이 나를 부둥켜안고 소리 없이 눈물만 흘린다.

아빠가 머리 말리자고 부르자 소리 없이 눈물 흘리며 아빠한테 간다. 멀리서 "민유야, 왜? 왜 그래? 왜 울어?" 하는 소리가 울려 퍼진다. 이 상황이 빠르게 가족들에게 전해진다. 아이 셋이 모두 엄마를 보러 달려온다. 셋이 달라붙어 엉엉 울어버린다.

"똘똘아, 엄마 진짜 많이 힘들어. 이제 엄마 좀 그만 힘들게 하면 안 될까?"

큰아이의 뱃속 동생을 향한 절규에 가까운 말들에 가슴이 찡하다. 이제 정말 거의 다 온 것을 알겠는데 지쳐버렸다. 무엇을 어떻게 해야 할지, 아니면 아무것도 하지 않고 그냥 가만히 있어야 하는 것인지 이 남은 시간을 어떻게 버텨내야 할지 아무 생각이 들지 않는다. 나는 길을 잃었다. 아는 병이라고 곧 끝나는 축복을 위한 고통이라고 마음을 다잡는다.

그러나 그럼에도 불구하고 이내 다시 끝도 모를 고통 속 서글픔으로 붙들려온다. 입덧만 끝나면 맛있는 거 마음껏 먹고 책도 마음껏 읽고 글도 마음껏 쓸 텐데…. 그 희망사항 가슴에 품고 오늘을 또 버텨본다.

남은 기운을 끌어모아 나에게 내 힘을 보탠다.

이제야 고통의 끝에 와 있다

• • •

임신 6주 차에 접어들던 어느 날, 속이 메슥거리고 구토가 올라왔다. 임신을 의심했다. 남편에게도 얼른 이 사실을 알렸다. 남편은 올챙이를 보낸 적 없다는 말로 나를 안심시켰다. 그 위로가 소용없게 되는 데까지는 얼마 걸리지 않았다.

임신 테스트기의 두 줄을 보고 나는 울고 남편은 웃었다. 세 명까지는 괜찮았지만 네 아이 엄마는 생각만 해도 숨이 콱 막힌다. 무겁고 두렵다. 네 아이 엄마로 살아가는 일.

임신 사실을 확인한 날, 보건소를 방문했다. 임산부 등록을 하고 엽산제를 받아왔다. 본격적인 입덧이 시작되면서 다니던 직장에 휴직원을 제출했다. 승진을 앞둔 중요한 시기였지만 세 아이를 키우면서 넷째 입덧의 재앙 속을 거닐고 있는 내게 승진 따윈 이미 하찮은 그 무엇에 지나지 않았다.

보건소에서 처음 받아올 때 엽산제는 두 통이었다. 하루에 한 알을 먹다 보니 이제 얼마 남지 않았다. 엽산제는 태아의 신경계 발달에 도움을 준다. 그런데 이 엽산제가 입덧을 심화시킬 수 있다는 말을 의사로부터 들었다. 그 말을 들은 후부터 입덧이 심했던 나는 엽산제를 밤에 잠들기 전에 먹었다. 적어도 자는 동안에는 입덧의 고통을 느낄 수가 없으니 다행이었다.

잠들기 전 하루 한 알 엽산제를 먹으며 생각했다. '이 엽산제를 다 먹으면 입덧이 끝나겠구나. 조금만 더 참자.' 두통, 구토, 어지럼증, 기운 없음. 이런 단어에 담을 수 없는 수많은 고통 속에서 시달리면서 끝이 오기를 기다렸다.

어떤 날은 무기력하게 누워서 어떤 날은 울면서 고통의 시간을 버텼다. 너무 힘든 날에는 이 고통이 끝이 나리라는 생각이 들지 않았고 마음까지 너무 우울해지곤 했다.

시간은 흘렀고 엽산도 이제 한 판 남았다. 어젯밤 한 알을 까먹으며 생각했다. '이제 이 나머지 알만 다 먹으면 내 입덧도 정말 끝이겠구나.' 이미 겪어본 세 아이의 경험으로 봐서도 16주가 되면 입덧은 주춤

했다. 이 엽산제를 다 먹으면 끝난다는 말이 명백한 진실임을 내 경험이 뒷받침해주니 더 신뢰할 수 있었다.

힘든 고비 때마다 초음파를 통해 들여다본 뱃속 아가를 보면서 기운을 내보았다. 중간에 참지 못하고 입덧 완화제를 복용하기도 했다. 효과를 보기는커녕 부작용 때문에 더 힘든 시간을 보냈다. 약을 먹는 것보다 안 먹는 게 훨씬 수월했다.

효과 본 사람들도 많다고 하는데 나는 그 약이 오로지 구토만 억제하게 해줬다. 다른 증상들 울렁거림, 어지럼증, 심장 두근거림, 졸림, 기운 없음 등은 더 강화시키고 그 상태에서 오로지 구토만 억제시키니 더 힘들어졌다. 아무것도 할 수 없고 아무것도 할 수 없을 것 같은 무기력한 시간이 이어졌다. 내 몸을 내가 어찌해 볼 수 없는 상태였다.

내 삶이 내 것이 아닌 상태를 받아들이기 힘들었다. 그러면서 나는 겸손을 배웠다. 늘 건강한 삶을 살았던 나는 아픈 몸으로 사는 삶을 잘 알지 못했다. 건강한 삶에 대한 감사도 잃고 교만하게 살았다. 비록 아는 병이고 기한이 정해진 고통이었지만 이 고통 속을 거닐면서 많은 것들을 깨달았다. 육체와 정신은 이어져 있다는 것을 절실히 깨달았다.

'건강한 육체에 건강한 정신이 깃든다'는 그 평범한 진리가 고통의 시간 중 마음을 파고들었다. 건강한 육체를 유지하며 살아야 하는 이유다. 참을 수 없는 고통 속을 거니는 중에도 내가 끝까지 놓지 않았던 것은 바로 '글쓰기'다. 글에 내가 느낀 고통을 담았다. 글쓰기로 고통을 달랬다.

'내가 사는 게 재밌는 이유'의 저자이자 정신과 의사 김혜남은 파킨슨병에 걸려 몸이 굳어 가는 중에도 글을 썼다. 몸 상태가 잠시 괜찮아지는 중간중간 틈을 이용해 글을 썼다고 했다. 그 말이 무슨 말인지 알 것 같았다.

나는 먹은 것도 없으니 끝까지 토하고 또 토하니 거의 하루 종일 병든 닭 마냥 누워 지냈다. 그럼에도 불구하고 임신 전에도 늘 새벽에 일어나 글 쓰던 습관을 몸이 기억했는지 몸 상태가 그리 안 좋은 데도 새벽 5시만 되면 눈이 떠졌다.

처음에는 몸이 너무 힘드니 다시 잘까 그냥 쉬는 게 낫지 않을까 하는 생각들이 스쳤다. 24시간 중 딱 한 시간만 버티자고 마음을 먹었다. 새벽 시간, 올라오는 구토와 어지럼증을 정신력으로 버텨내며 글을 써왔다. 하루하루 버티다 보니 끝이 보인다. 호시탐탐 듣고 싶은 강연회를 찾아다니고, 읽고 싶은 책장을 펼치고 글을 더 잘 쓰고 싶어 안달이 난 걸 보니 입덧이 거의 막바지다.

PART 2.

환장할
엄마노릇

그럭저럭 괜찮은 엄마

• • •

온 가족이 숲길을 걸으며 산책하고 있었다. 어느 정도 길을 걷다 정자를 발견했다. 우리 부부는 자연의 바람을 맞으며 정자에 앉아있었다. 세 아이는 흙길 위에서 흙장난을 하며 놀고 있었다. 어느 중년 부부가 성년이 된 딸아이와 함께 산책을 나왔다.

우리 아이들 노는 모습에 잠깐 추억에 잠기신 듯 이런저런 대화를 이어가신다.

"우리 아이들도 저만할 때가 있었는데요, 언제 이렇게 커서 시집, 장가보낼 때가 다 되었네요. 저만할 때는 사는 게 바쁘고 힘들어서 애들 예쁜 줄도 모르고 키웠는데 지금 와서 생각해 보니 저 때가 제일 예쁜 것 같아요."

"정말 200점이시네요. 위에 딸에, 아들 둘, 정말 좋네요. 세 명이 정말 좋은 것 같아요. 네 명은 많고."

거기까지 듣고 있다 내가 웃음을 터뜨리고 말았다. 중년 부부가 의아한 표정으로 "어 뭐 또 있으신가 본데?"라고 묻는다.

"네, 뱃속에서 넷째가 또 자라고 있어요."

"와, 정말 장하시네. 요즘 젊은 사람들 애 안 낳으려고 하는데 잘하셨네요."

우리 대화는 이렇게 훈훈하게 마무리되었다. 돌아오는 내내 '넷은 너무 많고.'라는 그 말이 머릿속에 맴돈다. 너무 많은 아이의 엄마로 살아갈 시간이 두렵다.

'부모의 품격'이란 주제의 도서관 주관 교육을 들었다. 강단에 올라온 강사님이 말문을 열었다. 자녀들이 많이 커서 초등학생이 되었다고 했다. 이제 결혼해 아이 낳는 주변 후배들을 보면 '고생길이 훤하구나.'나 '나는 끝나서 다행이다.'라는 안도감이 든다고 한다.

그 말을 듣는데 또 나는 씁쓸해졌다. 이제 좀 나를 돌보고 내 인생을 챙길 수 있게 되었는데 나는 어쩌자고 내 인생을 다시 처음부터 임신한 여자로 리셋했을까.

자아실현 욕구 또한 누구보다 강한 나다. 이런 내게 넷째는 많이 버겁다. 세 명을 키우고 있는 동안에도 난 늘 하고 싶은 일이 많은 꿈 많은 엄마였다. 주변 사람들에게 "애는 세 명이나 되는데 자아실현 욕구는 강해서 사는 게 늘 피곤하다."고 말하곤 했다.

지금도 여전히 나도 모르는 우울감이 찾아올 때가 있다. 나는 왜 어쩌자고 넷째까지 낳는 엄마가 되었을까 생각하다 우울해지고 만다. 주말에 어느 모임에 참석했다. 아이 하나 둘 키우면서 자신의 영역에서 멋진 역할을 해내고 있는 커리어우먼들을 만났다. 나도 모르게 작아지는 느낌이 들었다. 부럽기도 했다. 그들의 열정과 패기. 나도 저렇게 될 수 있었는데 하는 아쉬운 마음도 솟구쳤다.

이 네 번째 아이까지 낳아 키우는 동안 내 삶은 다시 육아라는 소용돌이 속에서 나 자신은 없어지겠지. 그리고 나는 그사이 없어지는 나 자신을 부둥켜안고 어떻게든 또 나 자신을 잃지 않기 위해 안간힘을 쓰면서 살아가겠지. 생각이 여기까지 미치자 나는 또 우울해지고 만다. 한동안 우울의 구렁텅이에서 빠져나오지 못하고 헤맸다.

내 마음을 물끄러미 바라보았다. 나를 괴롭히는 것은 다름 아닌 실체 없는 두려움이었다. '세 명 키우면서도 이렇게 힘들어하는데 내가 과연 네 명을 감당할 수 있을까?' 엄마에게 너무 많은 짐을 지워서는 안 된다. 엄마는 생각보다 무력한 존재다.

아이 인생을 어떻게 결정하고 재단할 만큼 대단한 능력을 가진 것도 아니다. 지금 내가 처한 상황과 처지에서 최선을 다하면서 '그럭저럭 괜찮은' 엄마가 되어보기로 마음을 먹자 다시 마음이 밝아졌다.

육아의 수많은 밤, 애쓰지 않아도 괜찮아

• • •

넷째가 생기면서 바로 육아휴직을 했다. 휴직이 가져다준 달콤한 시간을 보내고 있다. 평소 듣고 싶었지만 워킹 맘 시절에는 꿈도 꾸지 못했던 부모 강연들을 많이 들으러 다닌다. 몰랐을 땐 아무런 죄책감 없이 행해지던 많은 말과 행동들이 이제 내 마음을 불편하게 만든다. 머릿속으로는 이럴 때 어떻게 해야 하는지 너무도 잘 알겠는데 내 행동이 따라가기는 역부족이다. 이상은 고고 하나 현실은 늘 남루할 뿐이다.

그날도 나는 부모 강연을 다녀왔다. 아이가 말을 듣지 않고 떼를 쓸 때 어떻게 해야 하는지에 대해 배웠고 마음을 다잡았다. 저녁 6시부터 어린이집에서 또 다른 부모 강연이 있는 날이다. 아이들을 따로 맡길

곳이 없어 아이들을 데리고 가기로 마음먹었다.

아이들 하원 후 서둘러 저녁을 먹었다. 몸이 별로 좋지 않아 잠깐 누워있는데 둘째가 아랫도리를 다 벗고 돌아다니는 모습이 눈에 들어온다.

"민혁아, 얼른 옷 입어. 곧 어린이집에 가야 해."

어느 정도 시간이 흘러 민혁이를 보니 아직도 옷을 입지 않았다. 그 후로도 나는 몇 차례 얼른 옷을 입으라고 채근했다. 이제 시간이 다 되어 집을 나서려고 일어났는데 둘째가 아직도 옷을 입지 않고 돌아다니고 있었다. 그 순간 난 인내심과 자제력을 잃고 말았다.

좋지 않은 몸 상태가 상황을 악화시켰다.

"야! 신민혁! 엄마가 옷 입으라고 몇 번 말했어? 됐어. 너 안 데리고 갈 거야. 집에 혼자 있어. 민아야, 민유야 신발 신어 우리끼리 가자."라고 무섭게 말하고는 신발을 신으러 갔다.

당황한 둘째는 그제야 옷을 주섬주섬 챙긴다. 그 모습에 또 분이 안 풀려 현관문을 잡고 서서 "엄마가 옷 입으라고 말한 지가 언제야?"라고 소리를 빽 지르고 만다.

이러지 않으려고 나는 오전에도 부모 강연을 들었고 지금도 부모 강연을 들으러 가려고 하는 것이다. 운전대를 잡고 어린이집을 향하는데 마음이 이상하다. 못난 엄마 모습에 아이에게 미안하고 이럴 거면 이런 강연 뭐하러 들으러 다니는지 나 자신이 한심하게 느껴진다. 후회와 자책이 내 몸을 감싼다.

어린이집에 도착해 강연을 듣는데 눈물이 났다. 주제가 "괜찮아?!"였다. 아이들은 괜찮은지, 아이들과 관계는 정말 괜찮은 건지, 그렇다면 엄마 삶은 정말 정말 괜찮은 건지….

조곤조곤 다가와 이야기해 주고 상처투성이인 마음을 토닥여 주는데 자꾸만 눈물이 흘러내렸다. 정말 우리 엄마들은 괜찮은 걸까? '이렇게 해라. 저렇게 해라. 이렇게 하면 안 된다. 아이 정서에 악영향을 준다. 뭐 하라는 건 이렇게 많은지, 난 한 발 짝을 못 떼고 있는데 말이다. 남들 다 하는데 나만 안 해주면 우리 아이만 뒤 쳐질 것 같고, 못 해주는 엄마는 늘 불안하고 미안하다.

많은 엄마들이 육아의 소용돌이 속에서 허덕이고 시달린다. 아이들이 주는 기쁨도 분명 있지만 육아는 현실이다. 한 생명을 담고 있는 인격체는 엄마의 뜻대로 따라주지 않는다. 엄마에게 지어진 짐이 너무 크고 무겁다.

뭘 어떻게 하지 않더라도 부모라는 그 책임감은 늘 무겁다. 행동도 뒤따르지 않으면서 오늘도 내가 부모 강연을 들으러 가는 건 한번 듣고 지금 당장 내가 바뀔 것을 기대해서가 아니다.

듣다 보면 어느 날, 내 삶 속에서 자연스럽게 적용되는 날이 오리라고 생각한다. 첫술에 배부르진 않을 것이다. 처음엔 어색할 것이다. 이럴 걸 저럴 걸 사이를 오가며 수많은 밤을 뒤척일 것이다. 며칠 뒤척이고 나면 엄마는 변해 있을지 모른다.

"민혁아, 잠깐 이리 와 봐. 엄마가 옷을 입으라고 몇 번이나 말했는데 민혁이가 옷 입는 것도 까먹고 놀만큼 놀이에 빠져 있었구나. (마음 알아주기), 그 마음은 알겠는데 엄마는 지금 민혁이가 옷을 아직까지 안 입어서 속상하고 화가 나. (엄마 마음 알려주기) 다음부터는 엄마 말에도 귀를 좀 기울여 줬으면 좋겠어.(엄마의 바람 말하기)"라고 말하고 민혁이가 옷 입는 것을 옆에서 거들어 줄 수 있지 않을까?

유독 엄마를 힘들게 하는 아이

· · ·

넷째가 생기고 입덧이 너무 심했다. 다니던 직장에 휴직원을 냈다. 달콤한 휴식도 잠시 밀려오는 입덧의 고통은 감당하기 어려웠다. 시간이 흘러 16주쯤 되자 거짓말처럼 입덧이 사라졌다. 내가 제일 먼저 한 일은 그동안 듣고 싶었던 강연을 듣는 일이었다. 관심을 가지자 수많은 기회가 쏟아졌다. 지금 내 앞에 닥친 육아 관련 강연들이 제일 먼저 마음을 사로잡았다. 이런저런 육아 강연을 많이 들으러 다녔다.

강연장에서 많은 엄마들을 만나는 기회를 가졌다. 아이 양육하면서 울고 웃는 사람이 비단 나 혼자만은 아니라는 것을 알았다. 엄마와 아이 사이의 모든 문제는 '관계'에서 시작된다. 오늘 아침에도 등원 준비하는 동안 여섯 살 둘째 아이의 등을 열 대 정도는 세게 가격하고 싶은 충동을 느꼈다. 예전 같았으면 때리고도 남았다. 이제 나는 배운 엄마니까 겨우겨우 도 닦는 심정으로 참았다.

"민혁아, 엄마가 옷 입으라고 몇 번 말하니?"

"민혁아, 밥 먹다 말고 또 어디 가니?"

"민혁아, 왜 자꾸 동생 장난감을 뺏어서 아침부터 동생을 울리니?"

아침부터 '민혁아, 민혁아'가 여기저기 공기 중에 날아다닌다. 비교하면 안 되지만 첫째와 셋째는 엄마 말도 잘 듣고 손도 덜 가는 편이다. 유독 가운데 낀 둘째 아이가 가장 힘든 아이가 되고 말았다. 어디서부터 잘못된 것일까? 우리 관계는 어디서부터 꼬인 것일까? 우리 둘 사이의 애착 형성에 문제가 있는 건 아닐까? 이런저런 고민을 거듭했다.

둘째의 어린 시절로 거슬러 올라가 보았다. 민혁이 11개월 되던 즈음, 아직 한참 모유를 먹고 있을 때 셋째가 생겼다. 동생이 생기면서 잘 먹고 있던 모유는 강제 중단되고 분유를 먹기 시작했다. 얼마 지나지 않아 동생이 태어났다. 온갖 관심과 사랑을 받고 있던 둘째의 사랑이 셋째에게 옮겨갔다. 위로는 야무지고 앙칼진 누나에 밑으로는 애어른 같은 철이 꽉 든 동생까지. 둘째는 우리 집에서 가장 많이 불리고 가장 많이 손이 가는 아이다.

둘째는 엄마 아빠에게 관심받기 위해 점점 더 눈에 거슬리는 행동을 하지는 않았을까?

심리학 용어인 '애착'이란 부모와 특별한 사회적 인물과 형성하는 친밀한 정서적 유대를 말한다. 애착 형성에서 중요한 것은 엄마가 아이와 많은 시간을 함께 보내면서 아이 돌보기를 우선으로 하는 것이다. 엄마는 아이가 어떤 상태인지 파악하고 아이 요구에 신속하게 반응해야 한다. 아이가 울면 왜 우는지 알아내 보살피거나 먹을 것을 주거나 재워야 한다.

모든 엄마들이 이 사실을 머리로는 알지만 그렇게 하지 못하는 것은 어릴 때 부모로부터 받은 애착이 영향을 미치기 때문이다. 만약 어릴 때 부모 특히 엄마와 사이가 별로 안 좋았던 사람은 분명 '나는 절대 아이들에게 엄마처럼 하지는 말아야지.'라고 생각하지만 엄마가 했던 것처럼 똑같이 아이를 대하고 있는 본인 모습에 화들짝 놀라기도 한다.

시골에서 자란 나는 어린 시절, 늘 부모의 사랑을 의심했다. 학교 갔다 집에 오면 엄마가 집에 있었던 적이 없었다. 새벽부터 밤까지 논으로 밭으로 일만 하러 다니신 부모님은 자식들 크는 것에 관심이 없어 보였다. 어릴 때부터 나는 혼자서도 잘하는, 잘해야만 하는 아이가 되었다.

어린 시절을 되돌아보니 내가 무슨 말을 해도 무관심했던 부모처럼 나도 아이들 말에 별로 예민하게 반응하지 못했다. 내가 받은 애착이 분명 우리 아이들에게 영향을 미치고 있었다. 부모의 무관심한 양육 태도는 내가 아이들을 키울 때 예민하게 대응하지 못하고 대수롭지 않게 생각하는 경향을 만들었다. 특히 가운데 끼어있는 둘째에겐 더 심했다. 아이들의 감정에 민감하게 대응하지 못했던 적이 많았다.

부모와의 애착 관계는 중요하다. 그것은 대를 이어 계속되기도 한다. 그렇다고 닮고 싶지 않은 부모 모습이 대를 이어 아이들에게 전해지는 모습을 가만히 지켜보아야만 하는 것일까? 분명 바꿀 수 있고 부모는 하루하루 배우고 성장하며 아이와 함께 커나가야 한다.

아이를 돌볼 때는 일관성 있게 해야 한다. 이게 가장 어렵다는 것을 안다. 엄마도 감정을 가진 사람인데 어찌 한결같을 수 있을까? 하지만 만약 엄마가 기분에 따라 화내고 무시하고 내 말에 반응도 안 보이다 기분 좋을 때는 과도한 관심을 보인다면 아이들은 혼란스럽다. 아무리 어려워도 일관된 모습을 보이려고 노력해야 한다.

다양한 애정 표현도 좋다. '에이, 내가 사랑한다는 것을 꼭 말로 해야 알아요? 제가 아이를 위해 밥하고 빨래하고 이렇게 희생하는데 알아서 느끼겠지요.'라고 생각하는 사람들이 의외로 많다. 아니다. 아이들은 모른다. 겉으로 표현되지 않은 마음을 알아줄 만큼 자라지 않았다. '그걸 꼭 말로 해야 하냐고요?' 내 대답은 '당연하지요.'다. 사랑한다는 말을 자주 하자. 아플 정도로 꼭 안아주고 엄마가 너를 이 정도로 많이 사랑한다고 사랑을 느끼게 해주자.

민유는 단지 '곰국'이 먹고 싶다고 했다

· · ·

셋째 민유는 엄마의 유전자보다 아빠 유전자를 더 많이 지닌 아이다. 모든 일을 알아서 척척 해내는 편이고 모든 일에 별로 말이 없다. 감정 표현도 정제되어 있고 늘 듬직하게 곁을 지키는 아이다. 어느 날은 학교에서 제작해 준 컵을 들고 왔는데 첫째 민아도 둘째 민혁이도 모두 야무지게 자신의 이름을 컵 위에 또박또박 써왔다. 그런데 마지막으로 컵을 꺼내든 민유 컵에는 이름이 없다.

"민유야, 왜 이름을 안 썼어? 너도 누나와 형처럼 이름을 썼어야지. 특히, 반 아이들도 모두 똑같은 물건을 가지고 있을텐데 이름을 꼭 써야지."

내 말을 듣고 있던 민유가 무뚝뚝하게 한 마디 던진다.

"밑에 봐봐요. 전 이름을 밑에 썼어요." 컵을 돌려 아래쪽을 봤다. '신민유'가 아니라 '이송이'가 쓰여 있는 것 발견했다.

"엥? 민유야, 네 이름이 아닌 엄마 이름을 썼네?"

"네, 엄마 주려고요. 그냥 선생님께 컵 받는 순간 엄마 주려고 엄마 이름 썼어요."

퇴근하고 돌아온 남편에게 세 개의 컵을 나란히 보여주며 "왜 이 컵에만 이름이 없게요?" 하며 이야기를 시작해 목청 높여 자랑을 늘어놓았다. 여러 날 이 컵에 쓰인 내 이름을 보면서 밥을 짓고, 설거지를 하면서도 너무 좋아 피식피식 혼자 웃기도 했다. 민유는 이런 아들이다. 말없이 잔잔하게 감동을 몰아치게 하는 아이. 어느 날, 이런 아이에게 미안한 일이 벌어지고 말았다.

며칠 전부터 민유가 곰국이 먹고 싶다고 했다. 늘 생각은 하고 있었는데 해야 할 다른 먹거리들이 생기는 통에 시간이 지나가 버렸다. 오늘 아침도 전쟁 시작이다. 남편의 아침 먹을거리를 챙기면서 "민혁아, 민유야 일어나."를 연거푸 외쳐대며 손을 재빠르게 놀렸다.

아이들 아침 먹거리 챙기고 가방도 챙기고 마스크도 챙겼다. 지금이 가장 바쁜 시간이다. 재료들이 있어 서둘러 집에서 가장 큰 솥을 꺼내 카레도 했다. 아침부터 이 카레까지 하느라 다른 날보다 더 분주하게 몸을 움직여야 했다. 아무리 불러대도 꿈적도 하지 않던 두 아들 녀석 중 먹는 것에 관심이 많은 민혁이는 "지금 일어나야 카레밥 먹고 갈 수 있어."라는 내 말에 눈도 못 뜨고 거실로 나온다. 마지막까지 이불 속에서 달콤한 잠의 끄트머리를 붙들고 버티던 셋째가 드디어 일어나 부엌으로 성큼성큼 걸어오더니 졸린 눈을 비비며 "곰국 해 준다고 했 잖아."한다. 순간 화가 치밀어 오른 나는 눈과 입에서 동시에 불화살을 날리며 이제 막 잠에서 깬 그 아이들 향해 비난과 분노를 퍼붓고 말았 다.

"이 바쁜 아침에 무슨 곰국이야? 그리고 엄마가 카레 했다고 하면 그냥 좀 카레 먹으면 안 돼? 엄마 이리 뛰고 저리 뛰고 바쁜 거 안 보 여? 넌 왜 이렇게 눈치가 없냐?"

셋째는 아무 말도 못 하고 얼굴이 일그러지더니 눈물만 뚝뚝 흘린 다. 그 모습에 '아차' 싶어 서둘러 민유를 안으면서 "엄마가 미안해. 응? 엄마가 너무 정신없어서 깜박했어. 아침에는 시간이 없으니까 카 레 먹고 가고 저녁때 꼭 곰국 해 줄게."

그제야 셋째도 동동거리는 엄마 모습이 마음에 들어왔는지 눈물을 거두고 밥상에 앉아 카레밥을 먹는다. 민유는 단지 '곰국'이 먹고 싶다 고 했는데…. 나는 어째서 그리 불같이 화를 내고 말았을까. 하루 종일 마음 한구석에 민유의 일그러진 얼굴이 머문다. 민유야, 엄마가 미안 해.

이거야말로 동상이몽

• • •

동상이몽(同床異夢)

 같은 자리에 자면서 다른 꿈을 꾼다는 뜻으로, 겉으로는 같이 행동하면서 속으로는 각각 딴생각을 하고 있음을 이르는 말.

 제목을 '동상이몽'으로 바꿔놓고 보니 사전적 의미가 궁금해졌다. 겉으로는 같이 행동하면서? 같이 행동하지도 않았는데? 이 어휘가 내가 쓴 글의 제목으로 딱 들어맞지 않음을 직감한다. 대체할만한 다른 어휘를 찾지 못하니 일단 그냥 두기로 한다.

 치열한 워킹맘으로 살 때는 보이지 않던 부분들이 아이들 양육에 집중하는 요즘, 보이기 시작한다. 세 아이를 키우며 직장 생활까지 하던 나는 늘 발을 동동거리며 살았다. 그 당시 내겐 해야 할 의무와 역할만 남았다. 밥하고 빨래하고 아이들 씻기고 하는 생존을 위한 기본적인 것들만 하면서 살기에도 삶은 버거웠다. 아이들의 눈빛을 지그시 바라봐 줄 삶의 여유조차 없었다. 오로지 삶에 찌든 나만 보였다. 아침에 전쟁을 치르고 출근하는 차 안에서는 여지없이 눈물과 조우하는 날들이 잦았다.

넷째와 함께 찾아온 이 갑작스러운 전업맘으로서 전환이 마음의 여유까지 함께 가져왔다. 이 여유 시간은 물론 재앙 이상이었던 입덧의 시기가 지나고 나서부터다. 처음에는 아이들과 함께 지내는 시간이 늘어가자 아이들의 문제 행동이 도드라져 보여 마음 고생을 했다. 전에는 사는 게 바쁘고 지쳐 모르고 넘어가는 일도 많았고, 알면서도 야단칠 기운이 없어 모른 척하는 일도 많았다. 아이들의 마음보다 내 마음 챙기기 바빴다.

아이에게는 엄마가 세상 전부이다. 온전히 믿고 따를 수 있는 내 삶의 전폭적인 지지자 말이다. 아이들이 어릴수록 엄마를 온전히 믿고 따른다. 열 달 동안 엄마 뱃속에서 탯줄로 연결되어 엄마와 이어져 있던 아이와 엄마는 세상에 나와서도 쉽게 분리될 수 없는 '사랑'으로 연결된다. 열 달 동안 뱃속에 아이를 품고 있는 동안 한 몸에서 두 개의 심장이 뛰는 진귀한 경험을 공유한다. 아이가 세상에 나와 누가 가르쳐 주지도 않았는데 엄마 젖을 찾아내 온 힘을 다해 젖을 빠는 모습을 보면 엄마도 아직 아물지도 않은 몸을 아이에게 어떻게든 맞춰주면서 아이가 젖을 더 잘 빨 수 있도록 도와준다. 엄마와 아이는 한통속이라는 강렬한 느낌에 몸은 뒤틀리고 손목은 시큰거려도 기분이 좋다. 이게 아이와 엄마다.

하지만 언제부터인가 아이는 엄마가 알아들을 수 없는 외계 말을 하기 시작한다. 다섯 살, 여섯 살이 되면서 자기 생각이 생기는 아이들은 이제 엄마 말을 무조건 따르진 않는다. 엄마는 그런 아이를 보면 답답하고 짜증이 난다. 정말 우리가 한통속이 맞는지, 한통속이었던 적이 있었는지 의심한다. 어디서부터 잘못된 것일까?

아이들이 다니는 어린이집에 가서 부모 재능기부로 매주 동화책을 읽어주고 있다. 뱃속 아이와 나에게도 유익한 일이지만 누구보다 좋아할 아이들은 어린이집에 다니는 우리 아이들일 것이라고 굳게 믿었다.

"민혁아, 엄마가 오늘도 어린이집에 가서 동화책 읽어줄게. 좋지?"

"엄마… 엄마, 그냥 어린이집에 안 오면 안 돼? 엄마가 힘들어서 못하겠다고 말해. 응?"

나는 사실 조금 당황스러웠다. 엄마가 어린이집에 오는 게 싫은 걸까? 잠시 망설이던 민혁이가 속에 있는 말을 하기 시작했다.

"엄마~ 엄마가 동화책 읽어주는 것은 너무 좋은데 엄마가 왔다 가버리면 나 마음이 너무 슬퍼."

어려서부터 둘째 민혁이는 유독 마음이 여리고 눈물이 많았다. 내가 어린이집에서 동화책을 읽어주고 돌아오는 날도 난 민혁이 눈시울이 붉어지는 것을 보긴 했지만 그렇게 심각하게 생각하진 않았다. 그런데 민혁이가 엄마한테 이렇게까지 말하는데 그냥 무시할 수는 없었다.

"민혁아~ 민혁이 마음이 무슨 마음인지 엄마 조금은 알 것 같아. 그런데 이번에는 선생님들과 꼭 가겠다고 약속해 놓았기 때문에 갑자기 안 갈 수는 없고 다음부터는 엄마 몸이 힘들어져서 못 가겠다고 하면 안 될까?"

조금 생각하더니 민혁이가 "응, 알았어. 이번까지만 와."라고 말했다.

난 그때까지만 해도 말은 이렇게 했어도 시간이 흐르면 민혁이 마음이 달라지거나 상황이 달라져서 다시 동화책을 읽어주러 가면 된다고 생각했다. 아이 감정에 무딘 엄마였다.

어젯밤, 자려고 누웠는데 우리 딸 민아가 갑자기 또 동화 구연에 대한 이야기를 꺼냈다.

"엄마, 나 사실 엄마한테 할 말이 있는데 엄마가 동화 구연하러 학교 온 날 있잖아. 엄마가 동화책 읽어주고 물고기 만드는 활동한 다음에 갑자기 집에 가 버리니까 마음이 이상하더라. 아니, 그냥 집에서만 엄마를 만날 때는 그냥 엄마는 집에 가면 볼 수 있는 사람이라고 생각하니까 헤어질 때 슬프지 않았는데 갑자기 학교에 엄마가 나타나니까 엄마 따라 집에 가고 싶기도 하고 아무튼 마음이 슬퍼지더라고. 이제 학교 오지 마."

초등학생인 민아는 그 당시 느꼈던 감정을 차분하고 상세하게 설명해 주었다. 민아의 감정선을 따라가자 아이들 마음이 조금씩 보이기 시작했다. 민혁이에 이어 민아 말까지 듣고 나자 마음이 이상해졌다. '이거야말로 동상이몽이구나.'라는 생각까지 들었다. 나는 아이들을 위한다고, 아이들이 당연히 좋아할 거라는 생각밖에 하지 못했다. 엄마가 아이들을 위한다고 했던 이런 일들이 아이들에게 '희망 고문'이 될 수 있다는 것을 알게 되자 여러 가지 생각들이 동시에 몰려왔다. 늘 내 입장에서 생각하고 판단하고 행동해오던 많은 일들이 머릿속에 빠르게 스쳐 지나갔다.

아이의 의견을 수용할지는 다음 문제고 일단 아이의 마음이 어땠는지 알고 공감해 줄 필요가 있다. 어떤 문제 행동을 했을 때 다그치거나 화를 내기 전에 아이 마음을 그대로 읽어주고 알아주기만 해도 아이는 금방 마음이 부드러워질 때가 많다. 육아는 가끔 전쟁이고 그 전쟁터에서 부상은 속출하기 마련이다. 부상자가 아이가 되기도 하고 엄마가 되기도 한다. 중요한 것은 결국 우린 한통속이라는 것이다.

이래도 저래도 엄마는 불안하다

· · ·

엄마들은 늘 불안하고 혼란스럽다. 특히, '엄마라면 이렇게 해야지.'라는 끝도 없이 펼쳐지는 한 생명체를 향한 무한 책임은 엄마를 더 주눅들게 만든다. 물론, 첫째 아이보다 둘째, 셋째를 키울 때 좀 더 수월한 것은 분명하다. 앞선 아이들 키울 때의 양육 경험이 아무래도 도움이 되는 듯하다. 하지만 도움은 될지언정 아이마다 성격과 기질이 다르니 그 양육 경험이 무용하다는 말이 또 맞기도 하다.

셋째 때까지는 체력이 받쳐줬다. 입덧이 한창인 임신초기 기간 동안 힘들었지만 입덧이 끝나고 나면 원래 삶의 방식을 유지할 수 있으리란 기대를 하고 있었다. 하고 싶은 것들 마음껏 하면서 삶을 누리고 싶었다. 하지만 넷째는 달랐다. 입덧이 끝나 속이 메슥거리는 것만 없어졌을 뿐 기운이 없고 병든 닭 같은 삶이 이어졌다. 매일 누울 자리만 보였다. 한마디로 체력이 저질 체력이 되고 가고 있었다.

늘 건강을 자부하며 살아왔던 나는 약하고 아픈 몸이 적응이 되지 않았다. 또다시 마음에서 불안한 생각이 들기 시작한다. 아이가 뱃속에 있는 지금도 이렇게 체력이 안 따라주고 힘든데 아이가 세상에 나와 네 명이 되면 정말 내가 잘할 수 있을까? 내가 좋은 엄마가 될 수 있을까? 불안한 마음은 고스란히 아이들에게 짜증이란 감정으로 표출되었다. 그럴 때마다 나는 좋은 엄마가 아닌 것 같은 죄책감에 마저 시달려야 했다.

엄마의 역할도 아이의 성장 시기에 따라 분명 달라진다. 영아기에 엄마는 전적으로 모든 것을 해줘야 하는 보호자 역할을 한다. 어느 것 하나 아이 혼자 할 수 없기에 아이는 전적으로 엄마에게 의탁한다. 이때 엄마라는 존재는 먹이고, 씻기고, 재우고, 놀게 하는, 아이에겐 신적 존재다.

1~3세의 걸음마기에 엄마는 아이가 스스로 할 수 있는 것이 늘어나면서 영아기처럼 모든 것을 해 주지 않아도 된다. 그러나 많은 부분 아이를 대신해서 도와주는 양육자 역할을 한다.

3~7세의 유아기에는 엄마가 기본적인 사회 규칙이나 규범 등을 가

르치고 도와주는 훈육자의 역할을 한다.

7~12세의 학령기가 되면 엄마가 해야 할 일은 아이가 스스로 공부나 대인 관계 등을 할 수 있도록 격려해주는 격려자의 역할을 한다.

12~20세의 청소년기에는 인생의 갖가지 고민이나 정체성 확립을 위해 이야기 나누고 조언해 주는 상담자 역할을 한다.

20~40세 성인기 이후에는 엄마는 인생을 같이 살아가는 동반자의 역할을 한다.

여기에 따르면, 지금 세 아이 중 큰아이는 학령기에 접어들었고 둘째와 셋째는 유아기에 속해 있다. 훈육자와 격려자의 역할들 속에서도 매일 좌절하고 아파한다. 그리고 다시 영아기인 아이까지 내 삶에 보태졌다. 엄마는 아이의 성장에 따라 자신의 엄마 역할도 자유자재로 갈아입을 줄 알아야 한다고 하는데 더군다나 다둥이 엄마인 나는 그 옷이 여러 벌이니 마음의 부담감은 커지기만 한다.

지난주는 학부모 상담 주간이었다. 코로나로 전화로 상담했다. 세 명의 초등학생 선생님으로부터 연달아 삼일동안 전화를 받았다. 이런저런 이야기 끝에 내 목에 가시처럼 걸린 것은 집에서도 학습을 좀 시켜야 한다는 것이었다. 아이들 학습에 대한 무신경과 무관심으로 일관했던 난 얼굴이 화끈거렸다. 더 마음에 들지 않았던 부분은 선생님들께 아이가 네 명이라는 것을 인지시키며 내가 이 아이 한 명에게 매달릴 수 없음을 변명했다는 것이다. 끊고 나면 마음이 뒤숭숭하고 나

자신이 미워졌는데 그다음 날 또 다른 아이의 담임에게 또 그렇게 말하고 있는 내가 꼴 보기 싫었다.

코로나 상황 속에서 아이들 건강하게 먹이고 입히며 키우는 것만으로 감사하게 여기며 그 터널을 빠져나왔다. 겨우 한숨 돌리며 내 삶도 좀 들여다볼까 하는데 이제는 아이들 학습에 아무 관심도 없는 무능하고 무책임한 엄마가 되어 있었다. 아이들의 하원과 하교로 잠시 고요했던 집이 시끄러워지면 나는 손과 발을 부지런히 놀려야 한다. 밥하고 설거지하고 빨래하고 육아와 가사노동이 하루 중 가장 높은 강도로 찾아오고 어쨌든 그 노동들을 해내야 아이들 뱃속이 채워지고 집은 걸어 다닐만한 공간이라도 확보된다. 아침에 아이들이 집을 떠날 때는 분명 다정다감했는데 어둠이 짙어질수록 나는 점점 사나운 엄마가 되어간다.

그렇게 사나워지고 마음속에 짜증과 분노가 도사리고 있을 즈음, 딸아이가 내미는 수학 문제는 눈에도 안 들어오고 보고 싶지도 않았다. 아이들이 학교에서 무슨 공부를 하는지, 그 공부를 잘하고 있는지 들여다볼 마음이 없었다. 나는 공부를 봐줄 여력이 없고 딸의 공부는 점점 어려워지니 초등학교 4학년인 딸아이의 수학 공부는 학원의 힘을 빌리기로 했다. 다니던 피아노 학원에 수학 학원까지 더해지니 아이는 얼마 동안은 갑자기 불어난 해야 할 과업 때문에 많이 피곤해하고 힘들어했다. 며칠 동안 신경질이 잦아진 딸내미 비위를 맞춰가며 마음에서 늘 도사리는 화를 겨우겨우 달래고 있었다. 그러던 어느 날 아침 등굣길에 딸은 내 신경을 건드렸다. 오늘따라 막둥이까지 아침부터 징징거려서 그렇지 않아도 신경이 날카로워진 상태였다.

"공부방 다니니까 피아노 학원이라도 끊어줘. 진짜 힘들어. 엄마가 내 마음을 알기나 해?"

화를 누르며 겨우 듣고 있다가 결국 '버럭'하고 말았다.

"야, 너 공부방도 피아노도 다 다니지 마. 이렇게 맨날 엄마한테 신경질 내고 아주 상전 모시듯 하려니까 엄마도 힘들어 정말!"

"알았어. 나 오늘부터 아무 데도 안 다닐 거니까 다시 가라고 절대 하지 마!"

우리의 대화는 결국 파국으로 치닫고 말았다. 속에서는 '에이, 진짜 아무 데도 안 가고 오늘 집으로 오면 어쩌지?' 하는 불안감이 올라오기 시작했다. 딸아이는 씩씩거리며 가방을 메고 신발을 신고 있었다. 이대로 보내면 정말 모든 게 끝일 것 같아 한 마디 던졌다.

"야, 너 나중에 공부 더 어려워지면 엄마 원망하지 마. 엄마는 너 지금 도와주려는 건데 네가 거부한 거야." 속으로는 벌벌 떨면서도 더 당찬 목소리로 말했다. 아무 말도 안 하던 딸이 집 문을 열면서 "나도 힘들어서 그런 건데 엄마는 그것도 모르고. 학원 갈 거야 가."한다. 딸이 나가고 가슴을 쓸어내렸다.

우리 엄마 세대만 해도 일단 먹고사는 것이 시급한 문제였다. 더 가난한 세대를 거치는 동안 부모로부터 따뜻한 관심과 애정을 받지 못하고 자랐고 교육도 많이 받지 못했다. 그래서 어머니 역할이라고 하면 그저 아이 낳아 잘 키우고 가족을 위해 희생하고 참고 견디는 것이 전부라고 생각하며 살아왔다.

지금 우리 세대는 헌신적이고 희생적인 엄마를 보고 자라서 마음속에서는 '엄마라면 아이를 위해 희생해야지.', '엄마라면 이 정도는 해줘야지.' 등의 우리 엄마 세대가 가지고 있었던 마음과 사회적으로 자신의 능력과 꿈을 펼치고 싶은 자기 욕망이 늘 충돌한다. 아이에게 집중하지 못하고 내 꿈에 관심을 가지면 이기적이고 한없이 부족한 엄마 같아 마음이 불편하기만 하다. 그렇다고 아이에게 온 정성을 쏟으면 나 자신이 없어지는 것 같아 억울하고 슬프다.

하루에도 몇 번씩 한 명 한 명 아이들 각자에게 더 잘하지 못하는 것 같아 주눅들고 '내가 좋은 엄마일까?' 의심한다. '이럴 거면 왜 이렇게 네 명이나 낳았을까?' 생각하다 우울해지기도 한다. 이래도 저래도 엄마는 불안하지만 지금 있는 그대로의 내 모습을 지지해주고 토닥여주고 싶다. '애쓴다고 잘하고 있다고.'

엄마의 3대 욕구가 거세된 삶

· · ·

며칠 전, 온라인 카페에 갓난아기 사진 한 장이 올라왔다. 독서 모임을 함께 하던 회원 한 분이 아가를 낳았다. 그 아가를 본 순간, 새삼스러운 기분과 축하하는 마음 한구석에 엄마와 아가와 함께 헤쳐 나갈 험난한 신생아 엄마의 우울하고 피폐한 삶이 그려지면서 동지애가 느껴지며 혼자 울컥하고 말았다.

인간에게는 기본적인 3대 욕구가 있다. 식욕, 성욕, 수면욕. 출산 후 심신은 지칠 대로 지쳐있다. 아직 몸 상태가 정상 상태로 돌아오지 않았다. 내 한 몸 보하기도 힘든 상황에 나 아니면 아무것도 못 하는 무력한 존재가 옆에 있다. 이 자체로도 큰 돌덩이를 이고 있는 것처럼 마음이 무겁다.

식욕.

나는 먹는 것을 엄청 좋아한다. 식도락이 삶의 기쁨 가운데 큰 자리를 차지한다. 맛있는 음식을 먹으면 기분이 그렇게 좋다. 특히 매운 음식을 좋아한다. 청양고추도 와그작와그작 잘 씹어먹는다. 8개월 모유수유하는 동안 자극적인 음식을 피했다. 내가 좋아하는 매운 음식도 마음 편히 먹지 못했다. 식도락이 쑥 빠져나간 삶에 구멍이 생겼다.

성욕.

아이를 네 명 낳았다. 길게 말하지 않으련다. 넷째가 생기고 가장 많이 들은 말이 "부부 금슬이 좋으신가 봐요?"였다. 네 명의 아이를 낳을 정도면 금슬은 분명 좋다고 말해도 좋다. 그런데 아이 낳고 특별히 잘 못하지 않아도 남편이 밉다. 심신이 지쳐있는데 옆에 오는 것도 싫다. 또 아가가 생길까 봐 무섭기도 하다. 성욕 따윈 싹 가셨다. 그 욕구에 따른 거대한 후폭풍을 몸소 체험하는 중에는 욕구가 생기지도 않는다. 성욕 없다.

수면욕.

'단 두 시간만 이어서 잠 좀 잘 수 있으면.'

신생아 엄마들의 소원일 것이다. 사람이 잠을 푹 못 자면 모든 삶은 엉망진창이 되고 만다.

몸도 지치고 마음도 지친다. 힘든 시기 다 지났다고 할 시기가 바로 아가가 통잠을 자기 시작한 7개월쯤이었던 것 같다. 아가가 밤에 잠에서 깨지 않고 잠을 자니 엄마도 숙면을 취했다. 이게 정말 얼마만의 숙면인가. 임신 중에도 남산만 한 배를 하고 자리에 누우면 이렇게 누워도 저렇게 누워도 자세가 불편해서 자주 잠에서 깼다. 또한 아가가 자궁을 누르고 있어서 소변이 얼마 차지 않아도 수시로 화장실에 가고 싶은 느낌이 들어 단잠을 잘 수 없었다. 신생아 엄마는 밤에도 항시 대기. 아가가 '엥~'하면 젖가슴을 내어준다. 아가가 밤에 통잠을 자자 정상인의 삶이 시작되었다. 그전까지는 정말 늘 피곤에 절어서, 늘 잠이 고파서 아가 잘 때 따라 자고 하다 보니 내 시간도 전혀 없고 겨우겨우 시간을 버티며 엄마의 시간을 견뎌내야 했다. 아가가 신생아일 때 엄마는 수면욕이 어떤 욕구보다 강한데 전혀 채울 수가 없었다.

인간의 기본적인 3대 욕구가 거세된 삶 속에서 우울하지 않으면 그게 비정상이다. 산후 우울증은 호르몬의 장난인 데다 이 기본 욕구 결핍으로 인한 당연한 일이다. 이런 상황 속에서 비몽사몽간에 새벽에 눈도 뜨지 못한 상태에서 아가에게 젖을 물리고 있으면 '내가 젖소인가, 사람인가' 헷갈렸다. 창밖의 불빛만 봐도 눈물이 주르륵 흘러내렸다. 정상인 상태였을 때 늘 긍정적이고 밝았던 나는 이런 내 모습이 더 적응이 안 되고 무서웠다.

그래서 난 곁에 있는 남편에게 내 상황을 소상히 알렸다. 남편에게 아이를 맡기고 밖으로 나갔다. 산책나가서 햇빛 받고 걸으니 기분이 좀 나아졌다. 남편은 건조기를 사주었다. 빨래 너는 행위만 쏙 빠져나가도 집안일이 절반으로 준 느낌이 들었다. 산후 우울증이 조금씩 사그라들기 시작했다. 그 사이, 내 심신은 조금씩 회복하기 시작했고 아가는 자라 점점 '꼬마 사람'이 되어 갔다.

　지금 생각해 보면 그 힘든 시기를 현명하게 잘 지나왔다. 가장 힘든 건 내 몸뚱이가 내 것이 아닌 삶 그 자체다. '나'는 없고 오로지 '엄마'라는 역할만 덩그러니 남아 나를 짓누르는 시간. 내가 아니면 정말 아무것도 못 하는 이 무력한 존재는 우는 것으로 모든 것을 말한다. 엄마는 그 울음에서 아가의 모든 마음을 알아채야만 하는 막중한 임무 앞에 내쳐진 상황. 모든 신경을 곤두세워 이 작은 아가가 원하는 걸 들어주고 어르고 달래야 한다. 정상일 래야 정상일 수 없는 시간과 상황들이었다. 그 상황과 처지에서 할 수 있는 일들을 하면서 내가 행복할 수 있는 일, 내 기분이 나아질 수 있는 방향을 늘 스스로 결정하고 그렇게 해 왔다.

PART 3.

엄마의 불행복

육아(育兒)가 아닌 육아(育我)

· · ·

육아(育兒) : 어린아이를 기름

육아는 부모에게 무한 인내심을 요구한다. 오늘도 아이와 하루 종일 티격태격 원치 않았던 전쟁은 계속된다. 마치 저 아이는 나를 골탕 먹이기 위해 태어난 게 아닐까 생각한다. 그러다 밤에 잠든 아이의 모습을 바라보면 미안한 마음에 눈시울이 붉어진다. '내일부터는 정말 아이와 아무 일 없이 지내야지. 야단치지 말고 아이 마음을 읽어주고 싸우지도 말아야지.'라는 다부진 결심을 해보지만 그다음 날, 또 그다음 날도 이 결심이 무색해지는 데는 얼마 걸리지 않는다. 매번 결심하고 매번 좌절한다.

우리 집에도 유독 나를 힘들게 하는 아이가 있다. 나와 제일 많이 다

투고 날 미치기 일보직전까지 밀어 넣을 때가 많다. 여기서 더 화가 나는 건 손에 잡히지 않는 그 자유분방함이 어딘가 모르게 날 닮았다는 것이다.

기질이란 아이가 태어날 때부터 서로 다르게 가지고 태어나는 '생물학적 반응 양식'이라는 것을 알기 전까지 이 아이는 그저 날 힘들게 하는 아이였다. '자유분방한 개구쟁이' 기질을 가진 아이. 아이들은 서로 다르게 태어난다. 너무도 다른 네 명의 아이를 낳아 키우면서 '기질'에 대해 관심을 갖게 되었다. 모두 내 뱃속에서 나왔는데 정말 다른 아이들의 성향이 나를 당황스럽게 했다. 아무리 다둥이 엄마여도 아이마다 기질이 천차만별이니 첫째 아이 키울 때의 양육 경험이 둘째 땐 무용했다. 언제나 새로운 아이 앞에서 나는 생초보 엄마가 되었다.

큰아이는 야무지고 뭐든지 스스로 하는 기질을 타고났다면, 이제 여섯 살이 된 둘째는 큰아이에 비해 손이 많이 가는 정말 말 안 듣는 자유분방한 아이다. 주위 모든 상황이나 상대방 기분 따위 신경 쓰지 않고 오로지 자기가 하고 싶은 대로 한다. 요즘 둘째가 가장 많이 하는 말이 "내 마음인데 내 마음대로 하는 게 뭐 어때서 그래?" 이 말이다. 셋째는 주위 사람들이 '애 어른'이라고 부를 정도로 차분하고 야무진 아이다. 조부모님 사랑을 독차지하는 어른들이 보시기에 심히 사랑스러운 아이다.

우리 집 아이들은 늘 두 부류로 분류하곤 했다. 첫째와 셋째는 말 잘 듣는 다루기 쉬운 아이, 둘째는 다루기 힘든 까다로운 아이로 말이다. 심지어는 야무진 첫째와 셋째 사이 중간에 끼어있는 둘째는 뭔가 잘못된 게 아닐까? 왜 저렇게 '나쁜 아이'로 태어났을까 생각하기도 했다. 그리고 그 아이 성격을 바꿔보려고 애썼다. 아이의 성격을 비난하고 너는 왜 첫째와 셋째처럼 못하냐고 불평하고 야단치는 날들이 많았다.

기질이란 것에 대해 생각해 본 적도 없고 그러다 보니 아이들의 차이점을 온전히 수용하고 이해하기는커녕 둘째의 모든 성격들이 단점처럼 부각 되어 나를 힘들게 할 뿐이었다. 책과 강연을 통해 '기질'에 대해 알게 되면서 둘째에게 윽박지르던 지난날을 반성하고 둘째를 있는 그대로 받아들일 수 있는 마음 자세가 조금씩 생기기 시작했다. 거북이한테 백날 너는 왜 이렇게 느려 터졌다고 아무리 야단치고 훈계해도 소용없다. 거북이는 그렇게 엉금엉금 기어 다니면서 살도록 타고 태어난 것이다. 다만, 부모는 이 사실을 인정하고, 엉금엉금 걸어도 꾸준히 끝까지 하면 된다고 늘 용기를 북돋워 주고 옆에서 손을 잡아 주면 되는 것이다.

"우리 애는 요즘 말을 진짜 안 들어요."

부모 강연에서 만난 강사의 요즘 아이 키우면서 뭐가 가장 힘드냐는 질문에 많은 엄마들이 위와 같이 대답했다. '아이가 내 말을 안 듣는다.'이건 순전히 엄마 입장에서 이야기한 것이다. 아이 입장은 배려되지 않았다. 아이도 그냥 싫은 것이 아니라 들여다보면 합당한 이유가 있을지도 모른다.

어떤 아이는 엄마 말을 너무 안 들어서 엄마를 폭발 직전까지 가게 만들기도 한다. 왜 그런지 물었더니 아이가 이렇게 대답하더란다. "내가 이 정도로 하기싫다고 했으면 엄마도 좀 내 말을 들어줘야 하는 거 아닌가요? 엄마도 내 말을 안 듣는 건 마찬가지예요." 아이의 이 마음을 듣고 난 뒤통수를 한 대 얻어맞은 듯 머리가 멍해졌다. 단 한 번도 그렇게 생각해 본 적은 없었다. 엄마인 내가 하는 말이 다 옳고 합리적이며 아이는 이유도 없이 억지를 피우거나 떼를 쓰는 것이기 때문에 나는 어떻게든 이 상황 속에서 아이를 제압해 내 뜻대로 하게 만드는 것이 최선이라 생각했다.

그날도 나는 천근만근 몸이 너무 무겁고 힘들었다. 딱 누워서 잠이나 잤으면 좋겠는데 야속한 시곗바늘은 아이들이 학교와 어린이집에서 돌아올 시간을 향해 힘차게 달리고 있었다. 아이들을 받아서 집으로 올라왔다. 얼른 씻기고 밥 먹이고 뒷정리하고 누워서 쉬고만 싶었다.

"얘들아, 미안한데 오늘 엄마 몸이 조금 힘들어서 그러는데, 우리 얼른 씻고 놀자. 어서 옷 벗고 목욕탕으로 들어가."

이번에도 둘째가 문제다. 첫째와 셋째는 내 말이 떨어지기가 무섭게 웃옷을 벗기 시작한다. 그런데 둘째는 방 한구석에서 변신 로봇을 만지작거리고 있다. 그때부터 둘째가 내 눈에 거슬리기 시작했다.

"민혁아, 어서 씻고 놀자. 얼른 옷 벗어."

그래도 꿈쩍하지 않는다. 일단 나머지 두 아이만 데리고 목욕탕 안으로 들어갔다. 두 아이를 씻기면서도 나는 계속해서 민혁이를 재촉했다. "민혁아, 엄마 힘들다고! 얼른 들어오지 못해! 민혁아! 민혁아!!" 민혁이를 부르는 횟수가 늘어갈수록 목소리는 점점 더 커지고 짜증스러움이 섞이기 시작했다. 민혁이는 이런 엄마 감정 따윈 아랑곳하지 않고 여전히 변신 로봇만 만지작거리고 있었다. 문득으로 아직도 그러고 있는 민혁이 모습을 본 순간 올라오는 감정을 주체하지 못하고 민혁이에게 달려들었다. 등을 후려치며 "야 신민혁! 엄마가 몇 번을 말했어? 엄마가 씻고 놀자고 했지?"라고 말했다. 그리고 다시 두 아이를 씻기러 목욕탕에 들어서는데 민혁이가 나를 뒤 따라와서 나를 때리고 도망가는 것이 아닌가. 순간 화가 폭발했다. 근데 그 올라온 감정대로 행동하면 아이에게 무슨 일을 하게 될지 스스로도 무서워 잠시 심호흡을 하며 마음을 가라앉혔다. 왜 이렇게 저 아이는 내 말도 안 듣고 나를 이렇게 짜증 나게 하는지 눈물이 날 지경이었다. 치밀어 오르는 분노를 어찌하지 못해 씩씩거리고 있는데 살금살금 내 눈치를 보며 옆으로 다가온 아이가 눈물을 글썽거리며 말문을 열었다.

"아니, 그게 아니라, 나는 오늘 하루 종일 어린이집에서부터 이 변신 로봇 생각이 났거든. 그래서 얼른 이거만 로봇으로 변신시키고 목욕탕에 들어가려고 했거든. 근데 엄마가 자꾸 부르면서 짜증을 내니까 나도 너무 화가 났어. 조금만 기다려주면 될 것을 엄마가 다그치기만 하고."

아이도 생각하는 게 다 있었다. 내가 아이 마음을 조금만 헤아릴 수 있을 정도로 마음의 여유가 좀 있었다면 그렇게 아이 등을 후려치진 않았을 것을. 후회와 자책이 마음을 채웠다.

아이의 어떤 행동이 마음에 들지 않으면 화부터 내고 잘못을 지적하곤 했다. 그뿐만 아니라 지적과 동시에 행동의 즉각 변화를 기대하고는 행동의 변화가 없으면 나는 '또 시작이네.'라며 비난하고 질책했다. 아이의 행동 하나하나가 어쩜 그렇게 눈에 다 거슬리고 말은 어쩜 그렇게 안 듣는지 하루에도 울화통이 터질 때가 한두 번이 아니다. 그럴 때마다 나는 "엄마가 다 가지고 논 장난감은 정리하라고 했지? 넌 누굴 닮아서 이렇게 말을 안 듣니? 너 때문에 진짜 지친다, 지쳐."라고 말하곤 했다. 비난 가득한 이 말을 내뱉은 순간, 아이가 장난감을 치우기는커녕 아이와 나의 관계는 급속도로 나빠지고 내 안에서는 분노가 들끓기 시작한다.

아이가 엄마로부터 '너 때문에 엄마가 힘들고 지친다'라는 말을 들으면 아이의 마음이 어떨까? '내가 이 정도로 말했으면 들어줄 만도 한데 왜 저 아이는 나를 이렇게 괴롭히는 걸까?'라고 생각하면서 모든 잘못과 책임을 아이한테 전가했다. 늘 내 마음에서는 아이 때문에 힘들고 아이 때문에 내 인생이 피곤하다는 생각이 일었다. 일부러 부모 속을 썩이려는 아이는 없다. 단지 아이는 자신의 욕구 충족을 위해 하고 싶은 행동을 했을 뿐이다. 오늘도 소리 지르고 잠자리에서는 눈물 짓는 엄마지만 엄마도 아이와 함께 조금씩 자라나고 있다. 육아가 아이를 기르는 것이 아니라 나를 기르는 것이 아닌가 생각하다 잠이 든다.

아이를 키운다는 건

· · ·

막내가 열이 났다. 분유 먹기를 거부한다. 6개월쯤 입원 직전까지 간 적이 있어 덜컥 겁이 났다. 다행히 이번엔 이유식은 엄청 잘 먹는다. 탈수 올 일은 없겠구나 싶어 가슴을 쓸어내렸다. 병원에서 지어 준 독한 약을 먹고 다시 기운을 차렸다. 이번엔 셋째가 아프다. 월요일부터 어린이집에 가지 못하고 있다. 밤새 열이 난 셋째 때문에 둘째도 밤잠을 설쳤다. 첫날은 그냥 둘째도 집에서 쉬라고 했다. 그다음 날도 그다음 날도 둘째는 꾀를 부렸다.

"엄마, 나도 머리가 아파요. 민유 안 가니까 나도 안 갈래요."

밤새 뒤척인 나는 둘째와 싸울 기력도 없어서 그냥 가지 말라고 했다. 그게 나의 큰 실수였다. 큰아이들을 어린이집에 등원시키고 넷째와 나만 남으면 그래도 숨 돌릴 틈이 있었다. 돌볼 아이가 한 명 더 늘어난 상황은 이제 숨 돌릴 틈도 없이 나를 몰아붙인다. 분유를 타고 있어도 이유식을 먹이고 있어도 둘째와 셋째가 싸운다. 아 진짜 부아가 치밀어 오른다. 셋째가 서럽게 울면서 내게 오는 일이 잦아진다. 형아가 때렸다며 눈물을 흘린다. 응징을 위해 형을 소환했다.

"야! 신민혁, 이리 와 봐! 동생 때렸어?"

그러면서 안 해야 할 말을 내뱉고 말았다.

"이럴 거면 너 어린이집에 갔어야지! 아픈 네 동생 때문이 아니라 너 때문에 지금 엄마가 더 힘들다고!"

그 사건에 대한 추궁과 그에 따른 적당한 응징만 했어야 하는데 난 또 내 분노를 가득 실어 그 화살을 아들을 향해 힘차게 쏘고 말았다. 화살을 맞은 아들이 가만있을 리 없다. 응징은 이제 나를 향한다.

"그래, 내가 나가면 되겠네." 하고 말하고는 둘째가 옷을 주섬 주섬 챙겨 입는다.

"너 나가기만 해 봐. 아주 집에 못 들어올 줄 알아."

둘째는 잠깐 고민하다가 현관문을 열고 나가버린다. 아… 진짜 짜증이 솟구친다. 어떻게 해야 할지 모르겠다. 쫓아 나가지 않았다. 그러고 싶지 않았다. 울그락불그락 하는 마음을 살살 구슬려 하던 일을 하려고 애썼다. 집안일을 하는데 일이 손에 안 잡힌다. 머릿속이 복잡해서 동선이 엉킨다. 냉장고 문을 열고 서서 무엇을 꺼내야 할지 몰라 망설인다.

'아, 이런 젠장.'

얼른 옷을 입고 나머지 애 둘 옷 챙겨 입혀서 집을 나섰다. 어라, 집 앞에 없다. 조금씩 걱정이 되기 시작한다.

'혹시 할머니 댁에 갔나?' 할머니 댁으로 향하는 우리의 발걸음이 빨라졌다.

아, 할머니 집 앞을 서성이다 우릴 보자 민혁이가 도망치기 시작한다. 겨우겨우 치밀어 오르는 화를 눌러보았다. 주문을 걸었다.

'화내지 말자. 때리지도 말자.'

"민혁아 이리 와. 안 때릴게. 할머니 집 갔었어?"

"응. 근데 내가 띵동 했는데 아무도 없더라. 그래서 못 들어가고 여기 있었어."

"그랬구나. 민혁아 엄마가 그렇게 말해서 속상했지? 미안해. 엄마도 그런 말 하면 안 되는데 너희 세 명 돌보느라 힘들어서 그랬나 봐. 엄마가 미안해."

"엄마, 저도 죄송해요. 민유가 먼저 나를 화나게 해서 그랬는데 앞으로는 그래도 안 때릴게요." 물론, 우리의 화해 모드는 얼마 가지 않았다.

그 후로도 몇 번의 다툼과 화해. 저녁때가 되자 초등학생 딸이 학교에서 돌아왔다. 넷째 잠든 틈에 난 잠깐 식탁에 앉아 일기를 쓰고 딸은 수학 익힘책 숙제를 하고 있었다. 다 풀고 난 후 나에게 채점 해 달라며 수학 익힘책을 내민다.

곱셈 단원이었는데 잘 나가다 한 문제를 틀렸다. 명백히 실수임이 분명했다. 실수도 틀린 거라는 생각에 바로 틀린 표시를 하고 넘어갔다. 민아 표정이 어두워졌다는 것을 나중에야 알아차렸다. 옆 페이지까지 채점을 마치고 나자 민아는 옆에서 닭똥 같은 눈물을 뚝뚝 흘리고 있었다.

"아, 왜 그래? 뭐가 문제야?"

이미 하루 종일 남자아이들에게 몸과 마음의 에너지를 다 빼앗긴 후였다. 내게 남아있는 거라곤 피로감과 날카로워질 대로 날카로워진 신경뿐이었다. 민아는 신경질적인 내 물음에 신경질적으로 대답했다.

"엄마가 내가 실수한 문제에 바로 엑스 표 해버렸잖아. 선생님이 실수한 거는 다시 지우개로 고쳐도 된다고 했단 말이야." 뒤늦게 아차 싶었다.

"아, 미안해. 민아야 엄마는 몰랐어. 엄마 생각에는 실수도 틀린 건 틀린 거니까. 아무 생각 없이 그렇게 해 버렸네." 후회는 항상 늦고 민아는 이미 화가 나 버렸다.

"됐어! 나한테 물어보지도 않고. 아 진짜!" 하고 말하고는 방문을 쾅 닫고 들어가 버린다.

그 순간 민찬이가 자다 깨서 서럽게 운다. 민찬이 달래러 안방으로 달려 들어가 아가를 안았다. 민찬이 눈에서 눈물이 뚝뚝 떨어진다. 내 눈에서도 물이 흐르기 시작한다. 아 진짜 힘들다. 에이 모르겠다. 엉엉 울어버렸다. 깜짝 놀란 둘째가 쫓아와 우는 나를 안고는 토닥토닥 해준다. 그리곤 눈물을 흘리면서 "엄마 울지 마. 내가 이제부터는 엄마 말 잘 들을게." 한다.

긴 하루였다. 주말이라면 남편이라도 있어서 육체노동과 감정 노동을 나눠서 짊어지니 그래도 괜찮은 편이다. 남편도 없는 주중에 하루 종일 아들 셋을 돌보는 일, 숨이 막힐 지경이다. 돌봄 노동에 시달리는 동시에 학령기에 접어든 큰아이의 학습까지 신경 써야 하니 가끔 이 엄마 노릇이 힘에 부친다. 늘 생기발랄했던 난 점점 생기를 잃어가고 있다.

건조기, 신세계를 맛보게 해주다

• • •

건조기는 내게 사치품이었다. 넷째를 낳기 전까진. 수정 언니도 영미 언니도 건조기를 사니 너무 편하다고 말했다. 그런 소리를 들을 때마다 난데없는 반발심이 일었다. 게을러서 그렇다고 생각했다. 빨래 너는 행위가 얼마나 큰 노동력을 요구한다고, 그것도 안 하려고. 점점 세상은 편해지고 사람들은 게을러지는구나, 라는 건방진 생각이었다. 그러고 보면 나는 약간 보수적이고 고지식한 면이 있다.

넷째를 낳고 한 달 동안 산후조리를 하고 집에 돌아오니, 집안일은 온전히 내 차지였다. 내 몸뚱이도 정상이 아닌 데다 신생아 아가 하나만 돌보는 것도 힘든데 내겐 돌봐야 할 아이들이 너무 많았다. 어떻게든 집안일을 최소화해야겠다는 생각이 들 때, 바로 그 건조기가 생각

났다. 남편에게 말했다.

"여보, 우리 건조기 살까요? 요즘 애 키우는 집에 다 있다던데."

"그래요. 나도 생각하고 있었어요. 이번 주말에 보러 갑시다."

남편은 이번에도 흔쾌히 수락했다. 넷째를 낳고 힘들어하는 나를 보며 남편은 늘 내 기분을 맞춰주려고 신경을 곤두세우고 있다. 필요한 것들이 있으면 다 들어주려고 애쓰는 그의 마음이 보인다. 주말이 되자마자 우리는 시내에 있는 하이마트로 달려갔다. 매장에 들어서자마자 건조기를 향해 돌진했다. 생전 처음 보는 건조기 앞에서 나는 발길을 멈췄다. 드럼 세탁기와 닮았다. 사는 김에 식구도 많으니 가장 큰 것으로 사기로 했다.

다음 날, 집에 건조기가 배달되었다. 세탁기에서 빨려 나온 빨래를 널지 않고 다시 기계 통 속에 집어넣는 일, 내겐 낯선 경험이었다. 두 시간 후, 건조가 다 되었다는 신호음이 울렸다. 달려가 문을 열었다. 따끈따끈하고 보송보송한 빨래들이 나를 기다리고 있었다. 신통방통한 물건 앞에서 나는 자꾸만 웃음이 났다. 설거지를 하다가도 고개를 삐죽 내밀고는 육중한 몸매를 뽐내며 든든히 선 이 고마운 물건에게 애틋한 눈빛을 발사했다.

'세상에, 이런 물건이 세상에 나오다니, 이런 건 누가 발명한 걸까? 분명히 주부일 거야, 주부가 아니라면 적어도 주부의 마음을 너무도 잘 헤아리는 남자 사람쯤?'

따끈한 빨래를 가지고 와서 개면서도 이런 생각들을 하며 혼자 실실 웃다가 남편에게 전화를 걸었다.

"여보, 건조기가 있는 세상, 완전 신세계예요. 주부로서의 내 삶은 건조기 있는 삶과 없는 삶으로 나뉠 것 같아요."

"그렇게 좋아요?"

"네. 완전."

'띠띠띠띠' 현관문이 열리고 퇴근한 남편이 집에 들어섰다. 신발 벗을 틈도 없이 남편 손을 낚아채 우리 집 한구석을 차지하고 있는 큼지막한 건조기 앞으로 데려갔다. 이 물건이 얼마나 신통방통한지에 대해 침을 튀기며 다시 한번 이야기해 주었다. 남편은 내가 이렇게 좋아하니 자기도 좋다고 했다.

쓰면 쓸수록 편하고 좋다. 빨래를 널 필요도 없고 두 시간만 기다리면 다 말라서 나온다. 건조는 기본, 살균과 소독은 덤이다. 며칠 후, 남편에게 "여보, 한동안 우울해서 산후 우울증인가 하고 걱정했는데, 이제 괜찮아요."라고 말하자 남편이 말했다. 그거 다 건조기 덕분이라고. 맞다. 건조기가 내 집안일을 덜어주기 시작하면서 발을 덜 동동거리게 되었다. 직접 간 원두로 커피를 내려 마실 여유도 조금씩 생기면서 기분이 덩달아 좋아졌다. 그렇다면 우리 남편은 정말 현명한 사람이다. 아내의 마음 살뜰하게 챙기며 돈을 쓸 곳에 쓸 줄 아는 사람이니까.

엄마라서 행복하고 엄마라서 불행하다

· · ·

어떻게든 육아에 도움을 주었던 남편은 일주일 동안 승진자 교육을 가느라 집을 비웠다. 지난 한 주는 교육포럼 발표자로 선정되어 발표 준비로 매일 늦었다. 남편이 승승장구하는 사이, 나는 집에서 네 아이를 키우는 사람이 되었고 조직에서는 까마득한 후배들이 승진하는 모습을 지켜봐야 하는 신세가 된 지 오래다. 남편의 승승장구가 마냥 기쁘지 않음에 죄책감까지 느껴지는 이 몹쓸 상황이 당황스러웠다. 남편의 출세가, 아이들의 성장이 내 삶을 채우는 기쁨의 전부일까 두려웠다.

요즘 내 삶이 시지프스의 형벌처럼 느껴진다. '시지프스'는 굴러 내려오는 바위를 산꼭대기까지 다시 밀어 올려야 한다. 바위는 다시 굴

러 원점으로 되돌아간다. 번번이 결과는 마찬가지이지만 '시지프스'
는 이 일을 그만둘 수가 없었다. 밀어 올리면 다시 내려오고 그러면 다
시 밀어 올리고 하는 시지프스의 모습에서 나를 봤다. 아이들을 먹이
고 입히고 어린이집 보내 놓고 나면 산더미처럼 쌓인 설거지거리와
빨래거리들이 나를 기다리고 있다. 아가 잘 때 서둘러 집안일을 하고
오늘 저녁엔 또 뭐를 만들어 먹일까, 하는 고민들로 머리가 쉴 틈이 없
다. 매일 지속되는 고민이다. 이 끝나지 않는 엄마 노릇은 기약 없이
반복되고 계속된다. 이게 언제 끝날까 생각하다 죽어야 끝나겠구나,
라는 서글픈 생각에 이르렀다.

삶이 이런 것이겠거니, 이게 인간의 운명이겠거니 끝 모르게 이어
진 생각의 조각들은 결국 나를 서글프게 만들고 말았다. 며칠 동안 계
속되던 마음속 우울감이 나를 갉아먹고 있었다. 가장 슬픈 건 엄마라
는 존재의 슬픔은 가족 전체로 급속도로 퍼져나간다는 것이다. 우울
한 엄마는 솟구치는 분노를 어찌하지 못하고 그것은 늘 그렇듯 내 곁
의 가장 귀하고도 무력한 존재를 향한다.

사람이 항상 즐겁고 행복할 수는 없다. 가끔 찾아오는 우울감도 귀
한 손님처럼 잘 대접해야 한다. 그걸 잘하지 못해 고통스러운 날들도
있었다. 이제 조금은 여유로워진 마음으로 그런 감정도 대할 수 있게
되었다. 하고 싶은 것 많은 내가 집안에 들어앉아 '시지프스'의 형벌과
도 같다고 느끼는 것도 자연스러운 것이다.

나의 MBTI 성격 유형은 ESFP이다. 이 유형은 특징은 내 성격을 잘 반영하고 있다. 사교적이며, 다정하며, 수용적이다. 사랑하는 사람들에 대해 열정을 쏟고 물질적인 안정을 추구한다. 다른 사람들과 함께 일하는 것이 즐겁다. 업무에 있어서 기존의 보편성을 따르고자 하고, 현실적인 접근을 하며, 즐겁게 일을 한다. 융통성이 있고, 자발적이며, 새로운 사람과 환경에 빨리 적응한다. 다른 사람들과 함께 새로운 기술을 실제로 해보면서 더 많은 것들을 배운다. 이 검사지를 들고 상담 선생님을 만나러 갔다. 나는 그 때 민찬이를 안고 있었는데 선생님이 나를 보자마자 말했다.

"굉장히 외향적인 분이신데 아이가 네 명이시네요? 에너지가 밖으로 마구 발산되어야 하는데 안에서 아이 키우려면 많이 힘드시겠는데요."

이 말을 듣자마자 나는 처음 뵙는 그 분 앞에서 그냥 눈시울이 붉어지고 말았다. 누가 이렇게 상황만 알아줘도, 애쓴다고 말만 해줘도 눈물샘이 터졌다. 안에 있는 것보다 밖에 있는 것을 좋아하는 완전 외향적인 나였기에 안에서 아이 키우는 일이 유독 더 힘들었을 것이다. 매일 아이들 먹거리 챙기고 집 안 청소하고 정리하고 빨래하고 설거지하는 이 일상적인 노동을 무시하고는 삶은 이어지지 않는다. 이 일상 노동 위에서 애쓰고 있는 나를 내가 먼저 알아봐 주고 안아주기로 했다. 사람은 어떤 큰 사건 사고로 인해서 무너지는 것이 아니라 매일 반복되는 일상 노동에 의해 쓰러질 수도 있음을 알아주었다. 이 위대한 돌봄 노동을 해내고 있는 나를 장하다고 칭찬해 주기로 했다.

활기가 없어진 무미건조한 날들, 짓눌린 생기의 상태가 이어지는 날들, 특별한 것 없는 날들, 내 이름이 없어지고 엄마로만 살아가는 날들, 어제도 오늘도 내일도 이어질 엄마의 날들을 지켜낸다는 것이 얼마나 위대한 일인지를 깨달으면서 나도 아이들과 함께 조금씩 자라는 중이다.

새벽에 아가가 깼다. 5시까지 젖을 먹였다. 그 후 잠시 망설였다. 지금 아가 잘 때 같이 잘까, 글을 쓸까. 이 날아가 버릴 생생한 감정을 담기 위해 책상 앞에 앉았다. 이 시간은 나의 소중한 잠과 맞바꾼 것이다. 지금 안 자면 하루 종일 잠을 보충할 시간이 없을지 모른다. 하지만 지금 안 쓰면 이 글감으로 다시 글을 쓸 수 없을지 모른다. 이 마음 둘이 다퉜다. 결국 나는 쓰기로 했다. 그리고 썼다.

그때 써놓지 않았다면 날아가 버렸을 마음과 생각을 시간이 흐른 지금 다시 들춰보며 우울하고 심란했던 심경을 헤아려본다. 아 그 힘든 시간을 내가 지나왔구나… 애썼다고 토닥이며 지금은 그때와 비교하면 뭐라도 할 수 있을 것 같다. 여전히 반복해서 내려오는 돌덩이를 밀어 올려야 하는 형벌 중에 살고 있지만 그럼에도 삶은 형벌이 아니라 축복임을 아주 조금씩 알아가는 중이다.

엄마는 오늘도 이렇게 산다

• • •

둘째가 어제부터 몸 상태가 이상하다. 아침에는 콧물이 흐르더니 어린이집에서 돌아왔을 때는 볼과 코가 빨갛게 상기되어 있었다. 감기 바이러스의 공격을 받고 있구나, 하고 생각했다. 밤에 잠이 들 때는 아빠에게 귓속말로 말했단다. "아빠, 나 침 삼킬 때마다 목이 따끔거려요." 아침에 남편에게 이 말을 들었을 때 '정말 감기 걸린 게 틀림없구나.'라고 생각했다.

조금 뒤, 일어나서 나온 둘째 얼굴을 보았다. 눈이 움푹 들어간 듯했고 힘들어 보였다. 목이 아프다는 아들 먹이려고 얼른 누룽지를 끓였다. 따뜻한 것을 먹이면 조금 괜찮지 않을까 싶었다. 잠시 고민했다. 어린이집에 보낼까 말까. 마음 같아서는 보내고 싶지 않았지만, 어젯밤 제대로 잠을 이루지 못한 나는 방학인 큰아이와 둘째 그리고 넷째 민찬이까지 집에 있으면 내가 너무 힘들 것 같았다.

어린이집 쉬라는 그 말이 목에까지 차올랐으나 입 밖으로 꺼내지 못했다. 열은 나지 않았고 오늘이 금요일이니까 오늘만 다녀오면 주말이니까 괜찮겠지 싶었다. 평소와 다르게 차분히 가라앉은 아이에게 누룽지를 먹이며 꾸역꾸역 옷을 입혔다. 아이는 싫다고도 안 했다. 안쓰러웠지만 그래도 나도 살아야지 싶어서 그냥 보내기로 했다.

어린이집 차 올 시간이 다가오자 울어대는 넷째를 뒤로하고 서둘러 둘째와 셋째 손을 잡고 엘리베이터에 올라탔다. 엘리베이터 문이 열리고 어린이집 차가 도착했다. 그때였다. 둘째가 엘리베이터 앞에서 꼼짝하지 않고 서 있다. 눈물을 뚝뚝 흘리면서 어린이집 가고 싶지 않다고 한다. 엄마와 함께 있고 싶단다. 처음엔 금요일이니까 얼른 다녀오라고 소리를 질렀지만 이내 그만두었다. 셋째만 태운 어린이집 차량은 이미 출발한 뒤였다.

아무 말 없이 돌아와 엘리베이터를 탔다.

"신민혁! 얼른 와서 엘리베이터 타."

내 말에는 차가운 냉기가 서려 있었다. 민혁이는 대답하지 않았다. 엘리베이터를 타지도 않았다. 계단을 오르는 것으로 엄마를 향한 미안한 마음을 대신했다. 4층에 도착하자 아들이 먼저 문 앞에 도착해 있다. 마음을 추슬렀다.

'그래, 어차피 몸 상태도 안 좋은데 안 가는 게 더 나을지도 몰라.'

"민혁아, 그래 잘했어. 엄마도 너를 어린이집에 보낼까 보내지 말까 고민하고 있었어. 네가 결정 잘했다. 엄마가 결정하지 못한 걸 네가 한 방에 해결해 주었어. 잘했어, 아들. 어서 집에 들어가자."

그제야 아들 얼굴에 미소가 번진다. 참으로 못난 어미다. 엄마 몸뚱이 좀 편하게 있어 보자고 또 아들 마음 아프게 하고 말았다. 결코 쉽지 않은 엄마를 오늘도 이렇게 나는 산다.

분노와 애정 사이

· · ·

　생애주기가 다른 네 명의 아이를 키운다는 것은 엄마에게 많은 인내와 희생을 필요로 한다. 너무 예쁜 넷째 덕분에 가끔 웃었고, 세 명의 초등 학생들과 자주 다퉜다.

　어젯밤 둘째 민혁이는 울면서 잠이 들었다. 아들의 훌쩍이는 소리를 난 끝까지 모른 체하고 잠을 청한 못난 어미를 자청했다. 4시에 아이들 네 명이 모두 다시 집에 돌아왔다. 잠을 자기 위해 안방에 모여든 시간이 9시다. 5시간 동안 집안 살림과 3살부터 10살까지 다양한 연령대의 돌봄이 동시에 요구된다. 저녁을 준비하면서 넷째의 똥 기저귀를 갈고 똥꼬를 샤워기로 말끔히 씻겨내는 일은 기본으로 해야 하고 수시로 연년생 두 아들의 시시콜콜한 다툼을 중재해야 했다.

잠자리에 들 때면 몸은 녹초가 되고 기분은 뾰족하고 불쾌하다. 누가 건들면 폭발하기 일보 직전이다. 이런 나의 폭발을 유발하는 건 주로 8살 둘째다. 엄마, 넷째, 둘째, 셋째, 첫째가 차례로 누었다. 둘째 녀석이 셋째를 발로 차며 장난을 치며 결국 울리고 만다. 거기까진 참고 또 참았는데 이번엔 또 돌아누워서 잠이 들려고 하던 넷째를 꽉 껴안고 뽀뽀를 해대며 결국 울려 버린다. 부글부글 끓고 있던 분노가 폭발하고 만다.

"야, 신민혁 일어나. 너 일어나서 서 있어."

아들은 잔뜩 긴장한 표정을 머금고는 장롱 구석으로 가 움츠린 몸을 일으켜 세운다. 그래도 나는 분이 안 풀린다.

"아빠한테 전화해서 짜증 낼 거야. 왜 맨날 야근하고 이 네 명의 아이는 엄마 혼자 이렇게 돌봐야 하는지 아빠한테 전화할 거야."

막 소리를 지르며 화를 냈다. 그리곤 다시 자리에 누웠는데 잠시 후 민혁이가 훌쩍거린다. 누워있던 큰딸 민아가 민혁이에게 다가가 민혁이 등을 토닥인다.

"누나, 나 엄마한테 야단맞아서 우는 거 아니야."

"그럼 왜 울어?…"

"나 때문에 엄마가 화나서 아빠한테 짜증내서 엄마하고 아빠하고 사이가 나빠지고 헤어질까 봐 그래서 우는 거야."

민혁이 말소리가 내 귀에 와닿았다. 아이가 어떤 걱정을 하고 있는지 너무도 잘 알았다. 그래도 난 끝까지 민혁이에게 가지 않았다. 그 아이는 그 슬픈 마음을 품고 눈물을 흘리며 잠 속으로 빠져들었다. 잠시 후 '띠띠띠띠' 남편이 들어왔고 방문을 열었다. 얼른 몸을 뒤집어 자는 척했다. 슬며시 방문은 다시 닫혔고 난 마치 마녀가 된 기분으로 네 아이 틈바구니에 끼어 어둠 속에서 고뇌했다.

다 꼴 보기 싫었다. 이 모든 육아의 짐을 내게 지운 남편도… 늘 내 속을 뒤집어 놓는 아들놈도… 늘 뾰족한 발톱을 드러내고 으르렁대는 나 자신도 말이다. 자주 치밀어 오르는 분노는 잦은 야근을 하는 남편을 향한 것이었으나 대개 표출은 아이들을 향한다. 후에는 이게 잘못되었음을 알기에 후회와 자책이 나 자신을 공격하기 일쑤다.

그 다음날, 둘째가 학교에서 돌아오자마자 가방을 던져놓고는 평소와 다른 수줍은 모습으로 말한다.

"엄마, 나… 학교에서 엄마한테 편지 써 왔어요."

편지에는 장미꽃이 붙어있는 머리핀과 과일 캐러멜이 테이프로 단단히 고정되어 있었다. 이 편지를 얼마나 정성을 들여 꾸몄는지 알 수 있었다. 그것을 본 순간, 아직 편지를 펼쳐 보지도 않았는데 눈시울이 붉어졌다.

민혁이가 그런 내 모습을 살피더니,

"엄마, 내용은 생각보다 길지 않아요. 괜찮지요?"

"응, 당연하지… 엄마는 네가 편지를 써 왔다는 것 자체에 너무 마음이 좋고 감동스러워."

"엄마, 사랑해요. 엄마가 왜 힘든지 알거가태요(알 것 같아요.)"

편지를 다 읽고 눈물이 나는 걸 참으며

"학교에서 시간도 없었을 텐데 언제 이런 걸 다 만들었어?" 하자 "쉬는 시간마다 하나씩 하나씩 꾸몄어요." 한다. 말없이 꼭 껴안아 주었다.

다시 또 괴물로 변할 수도 있을 테지만 이 순간만큼은 이 아들이 너무 사랑스럽고 예쁜 마음에 자꾸 눈물이 났다. 사실 얼마 전, 둘째 때문에 속상해서 쓴 일기를 아이에게 읽어줬었다. 가만히 듣고 있다 '나와 늘 부딪히는 녀석은 둘째 녀석'이란 부분에서 나를 나무라는 듯이 손을 들어 올리며 멋쩍은 웃음을 짓는 게 전부였다. 나도 그런가 보다 했는데 뭔가 느끼는 게 있었나 보다.

늘 자유분방하고 내 손아귀에 들어오지 않는 둘째는 나와 수시로 다툰다. 내 마음을 진흙탕으로 만들어놓는 데 선수다. "넌 누굴 닮아서 이렇게 말을 안 듣니?"하고 쏘아붙이다가 날 가장 많이 닮았다는 지점에서 화들짝 놀라곤 한다. 그래서 이 아이에게 더 많이 화내고 짜증이 나는 걸까? 어떤 심리학자의 강연을 들으니 자기를 닮은 아이와 더 많이 다투는 이유는 아이는 조그마한 어떤 행동을 했을 뿐인데 엄마 눈에 그 행동 뒤에 감춰진 아직 드러나지 않은 더 큰 문제 행동이 도드라져 보이기 때문이라고 했다. 날 닮았기에 그게 더 잘 보이는 것이고. 내가 괜찮은 사람인 줄 알았는데 한없이 나약하고 부족한 엄마라는 것을 알려주는 아이들. 육아가 해볼만한 것이 되었다가도 어김없이 뒤통수치며 나를 주저앉히는 아이들. 하루에도 수십 번 속이 뒤틀리고 화가 나지만 오늘도 나는 분노와 애정 사이를 부지런히 오가며 엄마를 산다.

넷째를 품고 첫째 학교에서 동화책 읽은 날

• • •

세상의 모든 엄마는 좋은 엄마가 되기를 바란다. 그건 누구나 마찬가지다. 아이를 뱃속에 품고 있을 때부터 태교를 시작하고 아이가 나오면 어떤 엄마가 되고 싶은지 늘 생각하고 준비한다. 마음의 준비 없이 찾아온 아이라 하더라도 엄마, 아빠의 사랑의 결실로 맺어진 아이는 이미 보물이고 축복이다.

결혼하자마자 첫째 아이가 생겼다. 신혼의 달콤한 시간을 즐길 틈은 없었다. 허니문 베이비였을까. 아이는 분명 축복임에 틀림이 없다. 하지만 아이와 함께 찾아온 입덧은 재앙 수준이었다. 먹기만 하면 다 토하니 변기를 붙잡고 사는 게 일상다반사였다. 하는 수 없이 임신 초기에 다니던 직장을 쉬게 되었다. 별난 입덧 탓에 괴롭고 우울했다. 남들은 만삭이 되어 아이 낳기 하루 전날까지 일하기도 한다는데 나만 유별난 것 같았다. 늘 직장 생활을 하면서 규칙적으로 살다가 갑자기 집에만 있게 되니 몸은 점점 더 쳐지고 우울해지기까지 했다.

마음을 다잡고 문밖을 나섰다. 예쁜 임부복을 입고 화장을 했다. 집밖을 나서자 이런저런 기회들이 찾아왔다. 집 앞에 있는 도서관에 들어서자 포스터 한 장이 눈에 들어왔다. 동화구연 자격증반 모집 홍보문이었다. 여러 달 진행되는 과정이었지만 뱃속 아이와 내 삶에 활력소가 되어줄 거라는 확신이 들었다. 나중에 아이가 태어나면 갖가지 목소리를 바꿔가며 실감 나게 동화책을 읽어줄 생각을 하니 무조건 해야겠다는 생각이 들었다.

뱃속 아이를 품고 수업에 열심히 참여했다. 아이 낳으러 가기 일주일 전에 만삭의 몸으로 각색한 원고를 외워 무대에 올랐다. 배불뚝이 임신부의 동화구연 시연에 여기저기서 박수 소리가 터져 나왔다. 이제 곧 세상에 나올 준비를 하고 있는 뱃속 아가도 꼬물거리며 이 상황을 즐기는 듯했다. 아가와 엄마, 모두에게 정말 감사하고 행복한 추억이었다. 그건 추억으로만 끝나지 않았다.

첫째 아이를 뱃속에 품고 동화구연 자격증을 땄던 나는 어느새 넷째를 뱃속에 품고 있는 네 아이 엄마가 되었다. 첫째는 어느새 초등학교에 입학했다. 입학 전 작성해야 하는 학부모 안내문에 부모 재능 수업을 해 줄 수 있는지 표시하라고 했다. '드디어 엄마가 가진 재능을 뽐

낼 수 있겠구나.'라는 생각에 흐뭇한 미소를 지으며 동화구연에 동그라미를 그렸다. 우리 첫째 민아 친구들 앞에서 실감 나게 동화책 읽어주는 모습을 행복하게 상상하면서 말이다.

그러던 어느 날, 학교에서 학부모 재능기부 참여 수업 안내장이 날아왔다. 막상 진짜 기회가 오니 요즘 몸도 무겁고 힘들어서 잠시 망설였다. 망설임은 내 인생 사전에서 늘 뒷전이다. 기회는 언제나 오는 건 아니다. 내가 늘 상상해 오던 행복한 순간이 아닌가. 1%의 행동을 하기로 결심했다. 담임 선생님과 수업 진행을 위한 사전 면담도 하고 아이들에게 읽어 줄 책을 선정하고 연습을 시작했다. 처음 해보는 거라 긴장도 되고 부담스럽기도 했으나 여러 번 연습하자 긴장감이 풀어졌다.

그리고 드디어 동화구연을 하러 갔다. 아이들이 좋아하는《무기개 물고기》시리즈 중 두 권을 읽어주었다. 반짝반짝하는 눈으로 내 이야기에 귀 기울여주는 아이들이 너무 사랑스러웠다. 무엇보다 딸아이와 같은 공간, 같은 시간을 공유할 수 있음이 감사했다. 민아는 내가 상상하던 대로 환한 미소를 지으며 앞에서 열심히 친구들을 향해 책을 읽어주는 엄마를 사랑스러운 눈빛으로 바라봐 주었다. 책을 다 읽고 나서 물고기 어항 꾸미기 미술 활동도 함께 해 보았다. 포일 아트로 실제로 무지개 물고기를 꾸미며 나만의 어항을 만드는 일이었다. 민아 친구들 사이를 오가며 함께 도와주고 이런저런 이야기도 나누었다. 민아가 함께 지내는 친구들과 함께 시간을 보내는 사이 나는 민아와 더 친밀해지는 느낌이 들었다. 지금까지 민아에게 말로만 들었던 친구들을 직접 보는 것도 엄마에게는 귀한 경험이 되었다. 만들기 후에는 책을 읽고 느낀 점을 글에 담아보는 시간을 가졌다. 고사리 손으로 또박또박 글을 쓰며 생각을 담아보려 애쓰는 모습이 얼마나 사랑스럽고 예뻤는지 모른다.

선생님과 나중에 대화를 나누는데 학부모 재능기부 수업 참여를 많은 부모님들이 꺼려하신다고 했다. 두 시간 동안 아이들 앞에서 강연한다는 게 부담스러운 일이기도 하고 내세울 것이 없다고 생각하기 때문일 것이다. 나 또한 신청해 놓고도 부담스러워 '괜히 신청했나' 후회하기도 했다. 하지만 역시 끝내고 나니 성취감도 느껴지고 무엇보다 딸이 행복해하는 모습에 나도 덩달아 더 많이 행복했다. 갑자기 찾아오는 많은 기회도 준비되어 있지 않으면 잡을 수 없고 늘 가까이 있는 행복도 느끼지 못하고 지나칠 때가 많다. 안 하고 편안한 것보다 뭐든 해보는 걸 택하는 편이다. 늘 시도의 에너지는 정지의 안정성보다 위대하기 때문이다.

PART 4.

생초보
넷째엄마

엄마도 처음부터 포근하지 않은 건 아니었어

· · ·

첫째 민아는 넷째가 뱃속에 있을 때, 그 아이가 여자이기를 간절하게 소망했다. 이미 있는 남동생 두 명은 자신의 삶에 무용한 존재임을 너무도 잘 알고 있었다. 조용히 내 시간을 갖고 싶어 하는 누나 삶을 늘 흐트러뜨리고 방해하기 바쁜 남자들이 정말 싫었을 것이다. 그러니 이미 있는 남동생들도 어쩔 수 없이 떠안고 살고 있는데 거기다 남자 동생 하나 더해지는 것은 큰 애에겐 악몽이었고 여동생이 생긴다는 건 참혹한 현실에 동지가 생긴 듯 든든하고 기쁜 일이었을 것이다. 넷째가 딸이길 바란 건 엄마 아빠도 마찬가지였다. 이미 아들은 두 명이나 있으니 딸 둘 아들 둘이면 정말 좋겠다는 생각을 했다. 하지만 초음파상에서 보이는 뱃속 아가는 아들임을 당당히 밝히고 있었다. 가랑이 사이로 보이는 조그마한 그것이 자신의 성별 증명을 확실히 해냈다.

처음 태아의 성별을 알게 되고 병원에서 집으로 돌아오는 길, 말이 없어진 우리 부부는 잠시 후 마음을 다스린 듯 조심스레 말을 꺼냈다.

"아들도 좋아요. 첫째는 많이 서운해하겠지만 막내 입장에서는 자기가 아들이어야 바로 위 형아들과 잘 놀 수 있고 더 좋을 수도 있어요." 이런 대화를 하며 서로의 마음을 다독였다. 문제는 민아가 학교에서 돌아서오면서부터 시작되었다. 엄마가 오늘 산부인과 가는 걸 아는 민아가 학교 버스에서 내리자마자 물었다.

"여자야 남자야?"
"민아야, 남자 아이야." 라는 말이 떨어지게 무섭게 딸은 닭똥 같은 눈물을 흘리기 시작했다.

"아~~ 왜 남자야? 난 어떡하라고… 난 여자 동생 원한단 말이야. 남자 동생은 이미 두 명이나 있잖아, 나만 혼자 여자잖아." 잠시 괜찮아진 듯하다가 다시 울음을 터뜨리며 "어떡해… 친구들한테도 여자 동생 생긴다고 다 말해놨는데 왜 남자냐고?"라고 말한다.

"민아야, 민아야, 남자아이와 여자아이는 우리가 마음대로 선택할 수 있는 게 아니야. 주시는 대로 받는 거야."

내가 아무리 말해도 민아는 달래지지 않는다. 시간이 좀 지나야 할 것 같아 그냥 울도록 내버려 두었다. 어느 정도 시간이 지나자 민아가 진정된 듯했다. 남동생 둘이 어린이집에서 돌아오자 힘없는 목소리로 동생들한테 말한다. "얘들아, 축하해. 남동생이래." 남자 애들은 아직 어리기도 하고 자기들이 남자들이라 별로 관심도 없다. 이 모습을 보고 있자니 다시 한번 '여자아이였으면 정말 좋았을 텐데…' 하는 아쉬운 마음이 스쳤다.

딸 하나에 그 밑으로 줄줄이 아들 셋. 부모에겐 딸이 하나라도 있어서 참 감사한 일인데 그 딸은 얼마나 힘들까? 둘째가 태어나기 전 오롯이 혼자였던 2년이란 시간을 빼면 그 아인 그때부터 지금까지 계속 남동생이 한 명씩 늘어가는 고통을 안고 살았다. 그래도 셋째까지는 나도 어찌어찌했었던 것 같다. 그땐 딸아이도 아직 초등학교 들어가기 전이라 손도 덜 가고 성격도 덜 예민하고 말이다. 아홉 살 딸아이가 벌써 사춘기인가 싶을 정도로 예민하고 내가 보기엔 별것도 아닌 일로 동생들과 싸우고, 소리 지르고, 울고, 왜 저러나 싶을 때가 많았다.

그런 일이 있을 때마다 난 그 아이 마음을 어루만져 주기보단 '저 아인 정말 누굴 닮아서 저렇게 예민하지'하는 마음이 앞섰다. 난 사실 딸아이 마음을 진심으로 토닥여 주는 따뜻한 엄마가 아니었다.

덜렁대고 호탕한 성격이 아들 키우기에 더 맞는 것 같았고 감정선이 복잡 미묘한 딸아이 육아가 힘들다고 느끼고 있다. 더군다나 넷째가 어리다 보니 그 감정과 마음을 토닥거리면서 이해해주고 보듬어 줄 여력도 없다. 늘 딸아이에게 미안하게 생각한다. 넷째가 태어나고 민아는 아홉 살 나이에 남동생 세 명을 둔 누나가 되어버렸다. 내가 지금도 네 명을 키우는 엄마란 삶이 무겁고 버겁듯이 민아도 남동생 세 명의 누나로 사는 삶이 버거워 보인다. 민아는 매번 아가만 낳는 엄마가, 더군다나 자기가 원하지도 않는 남자아이만 낳는 엄마가 더 이상 포근한 사람이 아니었던 모양이다. 늘 태어난 동생에게 매달려서 따뜻한 손길 한 번 주지 않는 엄마가 미울 수도 있다.

오랜만에 들여다본 민아의 국어 시험지 앞에서 엄마를 향한 민아의 마음을 보고야 말았다. 시험지 첫 장을 보고, 약간 씁쓸했다. 시험 문제는 곰인형은 포근한데 곰인형처럼 포근한 것이 무엇이냐는 것이었다. 민아는 포근한 건 '아빠'라고 적었다. 난 '엄마'가 아니라 '아빠'라서 조금 서운했다. '그럴 수 있지 뭐. 아빠가 나보다 더 다정다감하고 살뜰히 마음을 알아주니 포근하다 느낄 수 있지.' 그런데 시험지 뒷장을 보고, 난 뒤통수를 한 대 얻어맞은 듯 할 말을 잃고 말았다.

시험지 지문에서 노랫말 빈칸에 들어올 수 없는 것이 무엇이냐고 물었다. 즉, 포근하지 않은 것을 고르는 문제였다. 나머지 보기에는 엄마도 있었고 봄이나 이불처럼 따뜻함을 상기시키는 것들이 있었다. 마지막 보기에만 '한겨울'이라는 찬바람 쌩쌩 부는 정답이 자리하고 있었다.

다섯 가지의 보기 중에서 민아는 정답으로 엄마를 골랐다. 명백한 '한겨울', 그냥 겨울도 아닌 '한겨울'이 있었는데도 말이다.

'뭐야, 내가 한겨울보다 더 차갑고 매서운 느낌을 주는 사람이란 말인가.' 처음엔 충격이다가 슬프다가 반성이 되다가 분하고 억울한 마음에 민아를 불렀다. 이게 어떻게 된 거냐고 따져 물으려다가 그럼 또 싸우게 될 것 같아 최대한 친절하게 민아의 마음으로 파고 들려고 애썼다. 진심으로 저렇게 생각한 것인지 아니면 문제를 잘 이해하지 못한 것인지 민아의 진의가 몹시 궁금했다.

"민아야, 아빠가 엄마보다 포근하다는 건 알겠어. 그래서 여기에 아빠라고 쓴 건 이해해. 근데 두 번째 문제에서 포근하지 않은 걸 고르라는데 '엄마'를 고르다니 너 진짜 엄마를 이렇게 생각하는 거야?" 민아는 약간 웃으며 "맞잖아" 한다.

당황스럽고 슬퍼졌다. 조금 있다가는 아니라면서 농담이라며 약간 눈물을 보이면서 문제가 그런 뜻인 줄 몰랐다고 한다. 일단은 민아에게 이것에 관해 엄마가 글을 쓰고 싶다고 말했다. 글로 풀어야 엄마 마음이 풀릴 것 같다 했다. 처음에는 시험지 촬영하는 것을 완강히 거부하던 민아도 자기가 엄마 마음 슬프게 했으니 사진 찍는 걸 용인해 준다. 그러면서 진짜 문제를 찬찬히 안 읽어서 진짜 몰라서 그랬으니 마음 풀란다. 민아의 진짜 마음은 무엇이었을까?

엄마도 처음부터 다정다감하지
않은 건 아니었어

· · ·

오늘도 민찬이는 똥을 한 바가지 쌌다. 황금 색깔 똥은 엄마를 기쁘게 한다. 서둘러 물을 준비하고 아이 목욕시킬 준비를 했다. 목욕을 시키고 있는데 갑자기 다섯 살 셋째가 베란다 문을 열고나가는 것이다. 순간, 너무 화가 나서 셋째를 향해 소리를 버럭 질렀다.

"야! 신민유. 지금 문 열면 어떡해? 너 들어오지 마!"

손이 더 바빠졌다. 최대한 신속하게 목욕을 마쳤다. 셋째가 베란다 문을 여는 바람에 찬 공기까지 들어와 넷째가 행여 감기에 걸릴까 걱정이 되었다. 서둘러 옷을 입히고 아가를 안았다. 그제야 방에 들어오지도 못하고 베란다 창문을 물끄러미 쳐다보고만 있는 셋째가 보였다. 순간, 날벼락을 맞은 셋째의 얼굴은 슬픔과 공포로 가득 차 있었다. 그 아이 마음 이해하는 일은 내게 너무 멀리 있었고 분노는 내게 너무 가까웠다.

'아참, 내가 왜 아가 씻기고 있을 때 문을 열면 안 되는지 설명도 해 주지 않았구나.'

'왜 엄마가 갑자기 화를 냈는지 저 어린아이가 알기나 할까?…' 설명도 해주지 않고 갑자기 소리 지르고 화내서 미안하고 무안했다. 얼른 창문을 향해 셋째에게 들어오라며 손짓을 했다.

들어오는 셋째 눈에서 눈물이 흐르고 있었다. 셋째는 이미 다 알고 있었다. 무엇이 잘못된 행동이었는지… 왜 엄마가 화가 났는지 다 알고 있는 표정을 하고 죽을죄를 지은 죄인의 모습을 하고 내 앞에 서 있었다. 내가 설명해 주지 않아도 상황 파악을 다 할 만큼 우리 아이가 많이 자랐구나.

불과 얼마 전까지 우리 집 막내였던 아이다. 그 아이의 눈물을 보니 좀 전의 나의 불같은 화냄이 더 미안하게 느껴진다. 셋째에게 바로 사과했다.

"엄마가 갑자기 소리 질러서 미안해. 민찬이 목욕하느라 옷을 다 벗겼는데 갑자기 네가 베란다 문을 여니까 엄마가 너무 화가 났나 봐. 미안해. 다음부터는 그러지 마."

민유는 얼른 소매로 눈물을 훔치며 알았다고 대답하며 동생을 안아 주었다.

삶이 전투다. 먹이고 씻기고 치우고, 치우고, 치우고 또 치우고, 아이들에게 소리 지르다 지쳐 주저앉아 멍하니 허공만 바라보고 있으니 눈물이 주르륵 흐른다. 눈에서 흐르는 그 물을 막둥이가 기어와 손으로 매만진다. 그 모습이 하도 귀엽고 사랑스러워 눈물을 흘리면서 웃어버린다. 아이들이 어린이집에서 돌아오는 오후 5시에 난 분명 다정한 엄마였다. 아이들이 잠드는 10시가 가까워질수록 난 점점 사나운 엄마가 되어간다. 나도 내가 무섭다. 퇴근 시간이 늦은 남편은 늘 신경이 곤두서 있는 내 모습만 볼 때가 많다. 억울하다. 나도 처음부터 그런 건 아니었다.

거의 많은 시간 동안 엄마는 자주 아이들에게 신경질을 냈고 남편은 끊임없이 다정다감했다. 이런 모습을 보고 일곱 살 둘째 녀석은 "엄마는 속이 좁고 아빠는 속이 넓어."라고 말하면서 내 속을 부글부글 끓어오르게 만들기도 했다. 동동거리며 돌봄과 가사 노동을 하는 몸뚱이는 힘들어 죽겠는데 마음속에서는 '난 왜 이렇게 다정다감하지 못한 속 좁은 엄마란 말인가'라는 자책까지 일자 너무 괴로웠다.

남편이 출근하고 잠시 시끄럽게 떠드는 아이들을 뒤로하고 앞치마 두른 채 책상 앞에 앉아 글 속으로 피신한다. 쓰면서 다정하지 못한 나 자신을 옹호하고 구해내려 안간힘을 썼다. 아무리 함께한다고 해도 아빠는 도와주는 거고 집안일이며 아가 돌보는 일의 주인은 엄마다. 주인은 해야할 일들이 산사태처럼 쏟아지니 머릿속은 복잡하고 그 일들을 어떻게든 하나 하나 해치워야 하니 몸은 고달프다. 이게 바로 내가 남편보다 다정다감하지 못한 이유다. 앞으로 점점 더 사나워지지 않으려 노력은 하겠지만 다정한 엄마가 아니라고 자책하진 않으련다.

넷째도 50일이 되어 가면서 조금씩 몸도 마음도 제자리를 찾아가고 있다. 육아에 치쳐 아이들이 무슨 짓을 해도 소리 지를 기운도 없었는데 이제 잔소리도 하고 소리도 지른다. 엄마는 왜 맨날 화만 내냐고 따지는 아이가 있으면 자책 대신 부릅뜬 눈으로 그 아이를 질타한다. 매번 하루에도 수십 번 이 일은 도돌이표처럼 반복된다. 화내고 후회하고 반성하고 다시 화내고. 이상은 늘 자애로운 엄마를 꿈꾸지만, 현실 속 나는 자주 불같이 화내는 엄마다.

도무지 새벽 외엔 시간이 나지 않는 난, 곤히 잠든 아이들 틈바구니를 조심히 빠져나왔다. 쓰기를 욕망하는 마음이 수면욕을 이긴 날이다. 자리 잡고 앉아 컴퓨터를 켜고 한 문장을 채 채우기도 전에 막둥이가 '에엥' 한다. 빛의 속도로 방으로 튀어 들어갔다. 방어선이 무너지자 형님들의 침투가 시작되었다.

아이들이 행여 막둥이를 누르기라도 할까 봐 첫째, 둘째, 셋째를 나란히 재우고 그다음 내가 자고 내 옆에 막둥이를 재운다. 내가 빠져나간 틈을 타, 큰형과 작은형이 막둥이 바로 옆까지 굴러와 있었고 곤히 자다 침투당한 막둥이는 몸 누일 곳을 잃고 일어나 앉아 어둠 속에서 눈도 못 뜨고 울면서 구세주 엄마를 찾은 것이다.

서둘러 세 녀석들을 굴려서 제자리로 돌려보냈다. 얼른 막둥이 자리를 확보하고 자리에 누이고 토닥토닥하니 금세 다시 잠에 빠져든다. 산속에 있는 이 아파트는 자연을 사랑하는 내가 사랑하는 보금자린데 우리 식구들이 살기엔 이제 조금 좁다. 네 명의 아이를 키운다는 것은 좁다는 것이다. 집이 좁다는 것. 나중에 넓은 아파트로 이사 간다면 또 이렇게 좁은 공간에서 부대끼며 살던 이 시절을 추억할 날이 오겠지…어서 나도 다시 막둥이 곁으로 가서 몸을 누이련다. 좁은 공간을 비집고 들어가 내 자리를 만들어야겠다.

슬픈 엄마여도 괜찮아

· · ·

난 무엇을 위해 그렇게 버텨왔던 것일까? 작년 1년을 버텼다. 아이 네 명의 끼니를 챙기고 학습을 도우며 기꺼이 나를 내려놓고 온전한 '엄마'로 사는 법을 배우는 시간이었다. 처음엔 '내 시간 없음'이 나를 우울의 구렁텅이로 밀어 넣기도 하고 육아 갑갑증에 시달리기도 했다. 시간이 흐를수록 어쩔 수 없는 현실을 받아들이고 그 상황과 처지 안에서 아이들과 함께 행복하게 시간을 꾸리는 법을 조금씩 터득해나갔다.

그렇게 코로나를 품고 작년 1년이라는 시간이 흘렀고 3월, 새 학기가 시작되자 아이들이 각자 삶의 터전으로 갔다. 그 시간이 오기 한 달 전부터 난 다시 찾아올 '혼자의 내 시간'을 이런저런 상상들로 채워 넣으며 설렘과 기쁨을 만끽했다. 밤잠을 설쳐가며 하고 싶은 일들을 일기장에 가득 채워 넣으며 혼자 피식피식 웃기도 했다.

진짜 그날이 왔고 뛰는 가슴을 진정시키며 내 삶 속으로 파고들었다. 이렇게 행복하고 감사할 수 없었다. 1년 동안 고생한 보상이라 여기며 그 시간 안에서 행복을 누렸다. 행복은 오래가지 않았다. 코로나가 지금까지 비교적 잠잠하던 내가 사는 동네까지 잠식해 들어온 것이다. 한 업체에서 쉰 명의 집단 감염이 발생했고 학교는 다시 멈췄다. 어린이집은 물론이고 말이다. 다행히 코로나의 학교 전파는 확인되지 않아 발생 삼일째부터 다시 학교에는 갔으나 다시, 내 삶 속으로 파고든 아이들이 내 삶을 흔들어 놓기에 이틀이란 시간은 충분했다.

1년을 버텼는데 이틀 만에 난 정말 무너져버린 것이다. 한 명의 유아를 돌보면서 세 명의 학생의 온라인 학습을 보조하는 것. 그 아이들의 배를 채워 줄 끼니와 간식을 챙기는 일. 그 중대한 일 앞에서 난 비틀거리고 있었다. 주말이 되자 이내 난 마음까지 우울해져서 내 삶에서 활력이라고는 찾아볼 수 없었다. 아이들이 무슨 말을 해도 신경질이 나고 부아가 치밀어 올랐다. 심지어 넷째가 자꾸 '엄마, 엄마'하고 부르는 소리도 너무 싫어 귀를 틀어막고 싶을 지경이었다. 이 모든 것들을 벗어던지고 싶은 마음이었다. 뭔가 기분 전환이 필요한데 난 '엄마'라는 틀 안에서 옴짝달싹하지 못하고 있었다.

아이들이 모두 학교와 어린이집에 가는 이번 주가 시작되었을 때도 난 기분이 몹시 가라앉아 있었다. 전과 같은 열정과 활기가 내 삶에서 사라진 상태였다. 다시 내 시간이 왔는데도 난 풀이 죽어있었고 생기라고는 찾아볼 수 없었다. 아이들은 내게 여전히 귀찮은 존재였고 나는 자꾸만 혼자 있는 시간을 갈망했다. 아이들이 집을 떠나고 정작 혼자 있게 되었을 때는 난 자꾸 나 자신의 '엄마 됨'을 검열하며 자책과 반성 사이를 다급하게 오가고 있을 뿐이었다. 어쩌자고 이렇게 나약하고 부족한 내게 아이들 네 명이나 주셨을까, 하며 눈시울을 붉히다 네 명이나 주신 것이 축복이지, 하며 감사로 급하게 마음을 다독였다.

늘 엄마는 씩씩해야 하고, 밝아야 한다고 생각했다. 슬프고 우울한 엄마는 나 자신이 용납할 수 없다 여겼다. 이번에는 우울한 감정을 있는 그대로 수용하고 인정했다. 어떻게든 그 감정을 이겨내고 떨쳐내야겠다고 이를 악물고 버티지 않고 그냥 슬픔과 우울도 자연스러운 것이려니 하면서 그 슬픔을 안은 채 묵묵히 내가 좋아하는 일들을 했다.

따사로운 햇살 받으며 맨발로 숲길 걷기.

수영장에서 물살을 가르며 네 가지 영법을 바꿔가며 수영하기.

시원한 바람을 가르며 자전거 타기.

눈물 왕창 쏟아내는 슬픈 영화 보기.

좋아하는 음악 들으면서 책 읽기.

가만히 마음을 들여다보며 뭐라도 쓰면서 마음 어루만지기.

맛있고 건강한 음식을 만들어 예쁜 그릇에 담아 스스로를 융숭히 대접하기.

내가 좋아하는 일들은 엉망진창인 일상 속에서 어떻게든 나를 찾는 힘을 길러줬다. 숨이 막힐 정도로 힘든 날이면 난 조용히 내가 좋아하는 세상 속에 살며시 발을 담갔다. 그것들을 하고 있으면 만신창이가 된 내 삶이 어느덧 기워져 있었다. 깜냥도 안 되는 내가 네 명의 아이를 키우며 내 삶이 갉아 먹힌다는 우울한 생각이 스멀스멀 올라오면서 도저히 나 자신을 긍정할 수 없다고 생각했는데 어느 순간, 나를 긍정할 수 있게 되었다. 살아보니 정말 나 자신을 긍정하는 것보다 힘이 센 것이 없다. 내가 나를 긍정해 주지 않으면 마음은 무너진다.

슬픈 건 네가 아니라 엄마였다

· · ·

지난 주말, 민찬이 코에서 말간 콧물이 흐른다. 콧물은 멈출 줄 모르고 자꾸 흘러내렸고 잠시 한 눈만 팔아도 민찬이는 손으로 코를 닦았다. 아니 닦는 게 아니라 그 코를 얼굴 전체에 발라 놓았다. 월요일 아침, 어린이집 대신 병원에 갔다. 민찬이는 어린이집에 안 간 것이 마냥 좋아서 기분이 들떠있었다. 약을 지어와 먹이니 줄줄 흐르던 콧물이 콧속에 머무는 듯했다. '흥'하고 풀면 누런 코가 나왔다. 화요일도 잠시 고민했으나 보내지 않았다. 콧물이 아직 흐르고 있었고 마스크까지 쓰고 있어야 하는 민찬이가 안쓰러워 보내지 않기로 결심했다. 이틀 동안, 민찬이와 신나게 놀았다. 둘이 나란히 자전거를 타고 시골길을 걸으며 온갖 풀벌레를 구경했다.

"엄마 이건 뭐야? 와 날아간다 날아간다. 호랑이 나비다!!!"
(들을수록 귀여웠던 말. 호랑나비를 이르는 말.)

우리 둘은 들판을 뛰어다니고 논두렁을 가로지르며 정말 신나게 놀았다. 메뚜기라도 한 마리 발견하면 그 메뚜기 따라 뛰어다니느라 시간 가는 줄 몰랐다. 신나게 놀다 밥때가 되면 집에 와 갓 지은 밥에 청국장을 끓여서 밥 한 그릇을 뚝딱하며 또 그렇게 행복한 시간을 보냈다. 예전에는 내 시간이 없는 것을 견디지 못했다. 잠시 숨 돌리려고 하면 이렇게 네 명 중 누군가가 아파서 내 삶을 헝클어놓는 것이 영 못마땅했다. 네 아이를 돌보며 조금씩 자라는 나를 본다.

평온하고 행복한 시간은 오래 지속될 수 없음을 알기에 조금이라도 내 시간이 주어지면 온전히 누린다. 언제 이 평화가 깨질지 모른다는 생각, 제한된 시간만 주어지는 자유는 매 순간을 온전히 누리는 법을 터득하게 했다. 또한, 아이들과 함께 있을 때는 또 그냥 어린아이가 되어 신나게 놀아버린다. 놀아주는 것이 아니라 정말 그냥 논다. 자연 속에서 걷고 뛰는 걸 좋아하는 나는 아이들이 곁에 있는 시간에는 버너와 냄비 챙겨 나가 들에서 걷고 뛰다 라면도 끓여 먹고 해지는 풍경을 바라보다 달님이 뜨면 달구경도 하다 집에 돌아오곤 한다.

읽고 쓰는 시간이 없어도 헛헛함이 줄었다. 그건 또 할 수 있는 상황이 되면 열심히 하면 되고. 아이들과 놀 때는 그냥 정말 열심히 신나게 놀면 되고. 매 순간 상황과 처지가 허락하는 대로 그 순간을 온전히 누리는 법을 나는 이렇게 조금씩 배워나간다. 그 안에서 아이들 자라는 것과 동시에 나도 이렇게 서서히 자란다.

지난 이틀 동안 민찬이가 외동아들인 것처럼 우리는 오롯이 우리 둘뿐이었다. 위의 세 명의 아이들 없이 넷째와 단둘이 보낸 것이 정말 오랜만이었다. 한창 예쁜 민찬이 덕분에 내가 더 신나고 즐겁게 놀았다. 혼자 걷던 논두렁을 민찬이 손을 잡고 걷고 혼자 타던 자전거를 아이와 함께 타면서 그 작은 입에서 쏟아져 나오는 보석 같은 말들 때문에 많이도 웃었다.

콧물도 안 나고 밤에 잠도 잘 자니 내일은 어린이집 보내야지, 마음먹었다. 마음먹음과 동시에 난 슬퍼져 버렸다. 평소에도 어린이집 안 간다는 말을 입에 달고 사는데 이틀 동안 정말 엄마와 단둘이 신나게 노는 맛을 알아버린 민찬이가 얼마나 서글피 울까?… 하고 생각하니 난 그만 보내지 말까?, 라는 마음이 더 커질 뻔도 했다.

아침에 어린이집 가방을 챙기면서도 마음은 오락가락했다. 민찬이 눈물을 보면 금세 내 마음은 '보내지 말자'로 기울어 버릴 듯도 했다. 그래도 가방은 챙겼다. 민찬이를 깨우고 옷을 입혔다. 큰아이들 챙기며 난리 통 속에 일어난 일이라 그런지 막내가 거부하지 않았다. 가우

뚱하는 마음과 안도하는 마음이 뒤섞였다. 큰아이들이 모두 집을 떠나고 이제 단둘이 남은 시간,

'어떻게 말을 꺼내지.'

'아니면 그냥 말 안 하고 안고 내려가서 차를 태워버릴까…'

'아니면 자전거 타러 나가자고 거짓말을 해서 밖으로 유인할까.'

어떤 방법도 마음이 편치 않았다. 머리를 굴리며 아이들이 흩트려 놓고 간 옷가지를 집어 드는데 민찬이가 물었다.

"엄마, 오늘 민찬이 어린이집 보내려고?"

이제 피할 수 없게 되었다. 참말이든, 거짓말이든 대답을 해야했다.

"민찬아, 네 친구 주호랑 강현이랑 응… 또 누구 있지?"

"희람이." 민찬이가 씩씩하게 대답한다.

그래, 희람이가 있었지. 희람이는 민찬이가 어린이집에서 가장 좋아하는 친구였다. 바로 이거다.

"그래, 민찬아, 희람이가 글쎄 민찬이가 어린이집에 안 오니까 그렇게 슬퍼하고 있대. 희람이는 민찬이가 제일 좋은데 민찬이 없어서 심심하고 어린이집도 재미가 없다고 하네."

그러자 민찬이가 아주 대단한 결심을 한 듯 내 곁으로 걸어오더니

"엄마, 민찬이가 어린이집에 가야겠다." 하는 것이다.

　작전은 통했다. 민찬이는 친구 희람이를 슬프게 하면 안 된다는 비장한 각오를 다지며 어린이집 차에 씩씩하게 올랐다. 그렇게 차가 떠나고 난 바로 산속으로 뛰어들었는데 난데없이 눈물이 나는 거다. 막둥이와 얼마나 신나고 재밌게 놀아버렸는지 막둥이 빠져나간 오늘 하루 시간이 갑자기 허한 거다. 나 원 참 이 감정 뭐지. 민찬이 없으면 며칠 만에 차분하게 읽고 쓸 수 있는 내 시간이 주어지는데 웬 눈물 바람. 이 감정이 우습고 당황스러워서 서둘러 산에서 빠져나와 컴퓨터 앞에 앉아 글을 쓴다. 오늘도 난 이렇게 쓰면서 황당하기 그지없는 내 마음을 살핀다. 쓰면서도 웃는다. 우습다. 넷째 어린이집 갔다고 눈물 나는 내가 우습고 좋다.

생초보 넷째 엄마

• • •

엄마는 아이에게 세상 전부다. 엄마가 하는 말을 아가가 따라 한다. 엄마가 하는 행동에 따라 아이가 달라진다. 이 무력한 아이가 온전히 내가 해온 삶의 반영이라 생각하니 갑자기 무섭다.

지난주까지도 분유 병을 빨았다. 하루에 한두 번 정도는 젖병 수유가 가능했다. 주말부터인가. 완강히 젖병을 거부한다. 분유 병 젖꼭지를 갖다 대면 자지러지게 운다. 마음에서 짜증이 올라오기 시작한다. 서럽게 울며 원망하는 말투로 '엄마, 엄마'하는 그 모습이 밉다. 무서운 표정을 하고는 젖병을 억지로 입에 갖다 대기를 몇 번. 뒤로 넘어가서 울어대는 아가를 끌어안고 함께 울고 만다. 에라 모르겠다. 직장 나가야 해서 모유를 반드시 끊어야 하는 것도 아닌데 그냥 젖 물리자 물려. 이번에도 마음 약해져서 모유 물려서 잠을 재웠다.

새벽 4시. 아가가 깨서 '엄마'를 부르며 내 배에 머리를 처박으며 자고 있는 엄마를 깨운다. 어제까지 난 누워서 젖가슴을 열어젖혀 젖을 물리고 그냥 잠을 잤다. 너무 피곤하고 지쳤던 난 일어나지 않았다. 아가는 자기 혼자 젖을 빨다 잠이 들었다. 오히려 신생아 때는 함몰유두인 내 젖을 아가가 잘 물지 못해 누워서 수유할 수 없었다. 지금은 아가도 어느 정도 크고 해서 빠는 힘도 좋아지고 젖꼭지를 다룰 줄 알게 되어 그냥 옷만 열어젖혀 놓으면 스스로 젖을 찾아 빨 수 있게 되었다.

아가의 자립심은 점점 엄마의 게으름을 극대화 시켰다. 누워서 빠니 아가는 배가 다 찰 때까지 충분히 젖을 빨지 않았다. 어느 정도 배가 차면 그냥 잠이 들었고 두세 시간 후 또 배가 고프면 깨서 울었다. 그때마다 난 젖을 주었다. 밤새 두세 번 그렇게 누워서 젖을 물렸다.

뭔가가 잘못되고 있다는 생각이 들기 시작했다. 오늘 새벽 4시 아가가 울었을 때 천근만근 무거운 몸뚱이를 일으켜 세웠다. 분유를 타러 부엌으로 갔다. 아가가 부엌으로 울면서 기어 나온다. 역시 분유 젖꼭지를 입에 갖다 대니 싫다고 자지러진다. 분유 먹으면 엄마 젖을 주겠다고 말해도 소용없다. 서글피 '엄마'를 부르며 울어댄다. 결국 아기 띠로 아가를 안았다. 조금 울더니 자기 손가락 두 개를 입에 집어넣어

쪽쪽 빨면서 잠이 들었다. 칭얼대면 무조건 젖을 물렸던 엄마의 습관이 아가를 이렇게 만든 것 같아 나 자신이 너무 밉다.

뭔가 잘못되어 가고 있다. 거꾸로 가고 있다. 8개월이 되어 가는 지금쯤 오히려 밤중 수유를 끊어야 할 때 밤에 두세 번 수유를 하고 있다. 몸무게는 6개월 때 몸무게인 6.6킬로 그대로다. 아예 정체되어 있다. 초보 엄마처럼 불안하고 무섭다. 하루에도 수십 번도 넘게 마음이 갈팡질팡한다.

'모유량이 적었으면 보채거나 할 텐데 모유 먹여놓으면 두세 시간 잘 논다. 발달 속도가 지극히 정상이다. 한시도 가만히 있지 않는 활동적인 아이다.'

이런 생각들로 자책하는 나를 위로해본다. 그것도 잠시, 얼마 지나지 않아 걱정과 불안이 엄습하기 시작한다. '몸무게가 몇 달 동안 늘지를 않잖아.' 이유 연습이 왕성히 되어야 할 이 시기에 오히려 어릴 때보다 더 엄마 젖만 찾고 있다. 분유는 물론이고 이유식에도 관심이 없다. 이유식을 떠서 주면 입을 꼭 다물어버린다. 매일 적은 양의 이유식 먹이는 것도 내겐 너무 힘들고 스트레스받는 일이다.

세월은 흘러가는 데 아가가 무럭무럭 크기는커녕 몸무게가 계속 그 대로이니 속이 바짝바짝 타 들어간다. 모두 잠든 새벽 시간에 잠들지 못하고 퀭한 눈으로 초보 엄마처럼 무성한 정보의 숲을 방황했다. 인 터넷 검색 창에 '젖병 거부'라고 치자 수많은 글이 검색된다.

'젖병 거부, 이유식 거부, 핑거푸드, 몸무게 늘지 않는 아이, 8개월 아 가 정상 체중….'

이런 거 검색하다 마음이 더 답답해지고 말았다. 어떻게 해야 할지 모르겠다. '내가 넷째 엄마가 맞나' 하는 자괴감마저 든다. 그러다 결국 이렇게 글을 쓴다. 글이라도 쓰지 않으면 이 타들어 가는 속을 달랠 길 이 없다.

모유를 아예 끊으려고 생각한다. 분유와 이유식만 먹여볼까 한다. 끊는 과정이 엄청 험난할 것이다. 그 과정을 내가 마음 약해지지 않고 견뎌낼 수 있을지 모르겠다. 분명한 건 이대로는 안 되고 뭔가 변화가 필요하다는 것이다. 엄마의 게으름이 결국 이런 상황을 만든 것 같아 서 너무 괴롭다. 엄마가 잘못해서 바른길로 돌아가기 위해 이 어린 아 가가 치러야 할 고통이 더 크게 된 것 같아 마음이 너무 안 좋다.

민찬이 마음 들여다보기

엄마, 서두르지 말고 천천히 해 주세요.

세상에 태어나 엄마 젖이 전부인 줄 알고 살았어요.

엄마 젖이 전부고 엄마가 전부인 줄 알고 살았는데

하루아침에 젖을 먹지 말라니요.

이 무슨 하늘이 무너지는 말씀이신가요…

저도 크면 젖이 아니라 밥을 먹어야 한다는 것 알아요.

다른 아이들과 비교하면서 저를 너무 다그치지 말아 주세요.

생김새가 다 다르듯 엄마 젖이 아닌 다른 것을 받아들이는데

시간이 좀 더 많이 필요할 뿐이에요.

엄마~~ 저를 사랑하셔서 이렇게 걱정하시는 거 알아요.

하지만 저를 믿고 조금만 기다려주세요.

지켜봐 주세요. 너무 조급해하시지 마세요.

엄마, 전 엄마가 생각하는 것보다 더 강하고 똑똑해요.

제가 아직 말은 못 하지만

제가 울면 그 울음 속에서 제 마음을 읽어주세요.

엄마, 사랑해요. 감사해요.

지금까지 키워주셔서 앞으로도 키워주시느라 고생이 많으시겠지요…

늘 감사해요. 우리 엄마…

갑자기 민찬이 마음이 궁금해서 민찬이 입장이 되어 글을 써보았다. 자꾸 눈물이 흐른다. 정답은 민찬이가 다 알고 있었구나. 평정심을 유지할 때는 나도 인터넷을 뒤지지 않는다. 불안하고 걱정되는 마음에 인터넷을 뒤졌다. 다른 아가들과 비교되면서 걱정은 더 늘어만 갔다. 내가 마음을 다해 뒤져봐야 할 것은 다른 아이들 성장 속도가 아니라 민찬이 마음이었음을 이 글을 쓰면서 알게 되었다.

집에 있으면서 왜 보내?

. . .

몇 달 만에 혼자만의 시간을 갖게 되었다. 코로나 재확산으로 네 명의 아이들이 집에 있게 되었다. 평온을 누리던 내 시간은 산산조각이 났다. 지난주부터 코로나가 조금씩 괜찮아지면서 어린이 두 명이 먼저 집을 비웠고 이내 초등학생 두 명까지 오늘부터 학교에 가게 되었다. 사실, 오늘을 생각하니 어젯밤에 설레는 마음에 잠을 조금 설친 것도 같다. 혼자만의 시간이 정말 많이 그리웠다. 이루 말할 수 없다. 카페 같은 데는 바라지도 않는다. 집에서라도 음악 들으며 커피 한 잔 마음 편하게 마시면서 책도 읽고 글도 쓰고 싶었다. 그것이 내가 하고 싶은 유일한 것이었다.

평소보다 일찍 일어나 부산을 떨면서 아이들 등원과 등교를 준비했다. 아이들이 모두 떠나가고 이 집에서 누릴 평온한 시간을 생각하니 벌써부터 웃음이 났다. 남편이 먼저 집을 나섰고 그 다음 학생 두 명, 그 다음은… 마음을 단단히 먹을 시간이다. 어린이 두 명 중 아직 작은 어린이는 요즘 다시 어린이집에 다시 정을 못 붙이고 있다. 코로나 재확산으로 집에서 엄마와 머물렀던 기간이 길었던 탓이다. 내가 내 시간이 그립듯 그 아이도 엄마 품에 안겨 있는 시간이 그리운 모양이다. 옷을 입힐 때부터 안 입겠다고 떼를 쓰며 내 바짓가랑이를 붙들고 연신 눈물을 철철 흘리며

"가기 시어. 가기 시어." 하고 말한다.

순간 '내가 너무 독한 엄마인가, 아이가 이렇게까지 싫어하는데 보내지 말까?' 하는 마음도 잠깐 스쳐 지나갔다. 찰나였고 이내 내 시간을 갖고 싶다는 욕망이 모성애를 눌러버렸다.

노란 어린이집 차가 보인다. 아이는 내 품에 매미처럼 꼭 달라붙더니 꼭 그 매미처럼 힘차게 울부짖었다. "시어, 시어, 시어." 차가 우리 앞에 도착하고 내 품에 접착제처럼 붙어있던 아이를 겨우 떼어내어 선생님 품으로 옮겨 놓았다. 강제로 선생님 품에 안긴 민찬이는 훌쩍 훌쩍 울고 있었다. 마스크 너머로 보이는 민찬이 얼굴은 세상이 무너

진 듯했고 이렇게까지 날 보내야 하겠냐는 듯한 책망의 표정으로 나를 바라보았다. 마음이 아팠으나 차가 출발하자 난 빠르게 내 삶 속으로 뛰어들었다.

내가 가장 좋아하는 오솔길을 걸었다. 아니 뛰었다. '하고 싶은 일이 너무 많으니까 딱 30분만 산에 다녀와야지.' 하는 마음으로 가을을 품은 산길을 걸었다. 슬프고 아프고 죄책감 섞인 마음이 달래졌다. '그래. 어제 선생님께 여쭤보니 어린이집에서 잘 논다고 하셨잖아. 또 금방 괜찮아질 거야. 떨어질 때만 이렇게 우는 거야.' 슬픈 마음을 달래며 산속을 날다람쥐처럼 뛰어다녔다. 산속 아파트에 사는 감사함이 마음을 가득 채웠다. 이 시간이 다시 찾아온 것이 정말 행복하고 감사했다.

어느 정도 걷다 서둘러 다시 산을 내려오는데 지인 한 분을 만났다.
"안녕하세요? 산에 일찍 오셨네요?"
"응. 아까 어린이집 차 타면서 아이가 우는 거 봤어."
"네. 적응해서 잘 다녔는데 코로나 때문에 집에 오래 있다가 오랜만에 다시 가니까 저렇게 우네요."
그분이 활짝 웃는 얼굴로 말했다.
"집에 있으면서 왜 보내?"

아군인 줄 알았더니 적군이다. 아이에 대한 미안함을 애써 누르며 어르고 달래 놓은 내 마음이 다시 뒤숭숭해져 버렸다. 덩달아 얼굴까지 빨개진 난 서둘러 "저도 숨 좀 쉬어야죠." 하고 말하고는 얼른 그 자리에서 벗어났다.

집으로 돌아오는 내내 얼굴이 화끈거렸다. '아니, 자기가 내 삶에 대해 뭘 얼마나 안다고 저런 말을 저렇게 아무렇지도 않게 하지?' 화가 났다 미웠다 내가 진짜 나쁜 엄마가 된 것 같았다가 감정이 요동을 친다.

'아, 오늘 아침엔 이 글감으로 글을 써야겠다. 저분 나한테 글감 던져주려고 그 말 한 거구만.' 하고 생각하니 마음이 편해졌다. 발걸음이 빨라졌고 집에 도착하자마자 컴퓨터 켜고 마구 글을 쓰기 시작했다. 쓰고 나니 마음이 가라앉는다. 읽고 쓰는 나로 살지 못하고 엄마의 삶만이 강요되는 시간이 길어질수록 마음 깊숙한 곳에서부터 불만이 솟구쳤다. 아이들에게 다정하지 못하고 걸핏하면 화를 내는 사나운 엄마가 되어 갔다. 엄마도 혼자만의 시간이 필요하다. 자기만의 방에서 혼자의 시간을 가져야 한다. 그것이 사나운 엄마를 다정다감하게 다시 변신시킬 수 있는 길이다.

덜렁대는 엄마는 오늘도 사고를 친다

· · ·

얼마 전, 큰아이 충치 치료를 위해 치과에 갔다. 주차장에 들어섰다. 몇 백 원 아껴보겠다는 신념으로 기어이 '경차 자리'를 찾아내 주차를 하는데 '꽈당'. "엄마 조심해." 충돌보다 아이들의 비명은 늦었다. 차가 멈추자 아이들이 서둘러 차에서 내려 현장 확인에 나섰다. "엄마 박살 났어." "뭐가 박살 나?" 얼른 뛰어내려서 뒤로 돌아가 확인했다. 후미등 커버가 깨져있었다. 내 차는 여기저기 안 까인 곳이 없다. 경계석을 올라타는 것은 기본이고 주차장 기둥을 긁어 옆구리에 긁힌 자국이 선명하다. 너무 긁고 다니니 이젠 아예 차를 수리할 생각도 안 한다. 요즘 한 번씩 차를 바꾸고 싶다는 생각이 불쑥불쑥 찾아들 때가 있었다. 오늘 사고는 '역시 난 절대 새 차를 사면 안 된다'는 생각을 굳히게 했다. 나의 덜렁대는 성격을 자책했다.

얼마 전에는 며칠을 고민하다 고가의 믹서기를 구입했다. 재료를 넣으면 알아서 믹서와 가열을 가해 요리가 뚝딱 완성되는 고마운 것이었다. 요즘 삼시 세끼 집밥 차리는 나의 수고를 덜어주는 일등 공신이다. 이것을 깼다. 떨어뜨리거나 어디에 부딪혀서 깨졌다면 이렇게 나 자신이 밉지는 않을 것 같다. 마늘을 갈고 갈린 마늘을 숟가락으로 파서 꺼냈다. 또다시 마늘을 갈기 위해 다음 대기 중인 마늘을 넣고 스위치를 눌렀다. 숟가락과 함께. 강력한 모터는 숟가락까지 갈아버리겠다는 일념으로 돌아갔고 유리로 된 몸체는 금이 가고 안에서 산산조각이 났다. 화들짝 놀라 정지 버튼을 누르고 그 참사를 확인하는데 어이가 없었다. 너무 어이가 없어서 눈물이 아니라 웃음이 났다. 속상함보다 자책이 몰려왔다. 정말 창피해서 남편에게 말도 못 하고 비상금을 털어 몰래 본체를 다시 구입했다.

원래 세심하지 못하고 덜렁대는 성격인데 아이까지 많아지면서 감당할 수 없을 만큼 버거울 때가 많다. 할 일은 많고 시간은 부족하니 늘 서두르고 재촉한다. 이 서두름에 덜렁맘이 얹어지자 사고가 속출한다. 사고 후 자책과 반성은 도돌이표처럼 반복된다. 그릇 깨는 일도 일상 다반사니 부엌에서 요리를 시작할 때면 늘 심호흡과 함께 '천천히 하자, 서두르지 말고.'를 되뇌며 쌀을 씻고 나물을 무치고 국을 끓인다. 머릿속에 그간 내 덜렁댐이 불러온 참사들을 급히 소환하면서 '사고 치는 것보다 조금 느린 게 낫다.'고 나에게 속삭인다.

또 이런 일도 있었다. 퇴근하고 서둘러 집에 와서 아이들과 저녁을 챙겨 먹고 설거지를 하고 있을 때였다. 전화벨이 울렸고 모르는 번호가 액정 화면에 찍혀있었다. 고무장갑을 벗는 번거로움이 있기에 받을까 말까 고민하다 받았다.

"여보세요?"

"네. ○○○○ 차량 차주시죠? 차 문이 열려 있어요."

"네? 차 문이요?"

"차 문도 열려 있고 불도 켜져 있고 아무튼 한번 나와보세요."

"아, 네. 알려 주셔서 정말 고맙습니다."

전에도 차 문이 제대로 안 닫혀있던 적은 몇 번 있었기에 이번에도 그런 줄 알고 대수롭지 않게 생각하고 차를 향해 걸었다. 멀리서 보니 차에서 어둠을 뚫고 밝은 빛이 새어 나오고 있었다. 걸음이 조금씩 빨라졌다. 그리고 차 앞에 도착하고 나서 난 큰 소리로 웃고 말았다. 정말 어이가 없었다. 차 문이 살짝 열려 있는 것이 아니라 뒷좌석 문이 아예 활짝 열어젖혀져 있었다. 처음에는 의아하다가 차에서 내릴 때 시점으로 필름을 돌려보았다. 오늘따라 차에서 집으로 옮겨야 할 짐이 너무 많았다. 그리고 뒷좌석에는 민찬이도 타고 있었다. 난 뒷좌석의 민찬이를 내리게 하고, 많은 짐도 내려서 먼저 바닥에 놓았다. 그리고 다시 차 운전석으로 가서 조수석에 놓인 내 가방을 챙기고 그냥 온 것이다. 그걸로 끝. 주인의 손길을 기다리던 뒷좌석 차 문은 그냥 가 버린 주인이 얼마나 한심하고 어이가 없었을까. 활짝 열린 차 문을 '쾅' 닫으며 생각하니, 차 문이 활짝 열린 광경을 발견하고 정말 어이없어하면서 내 차 앞 창문에 꽂힌 전화번호를 찾아 번호를 눌렀을 그 사람에게 엄청난 고마움이 차올랐다.

그동안 세탁기에 수많은 것들을 돌렸다. 아이들이 아기일 때는 빨래에 섞여 들어간 기저귀는 기본이고 책도 돌려서 책 한 권이 산산이 부서져 옷들에 들러붙는 끔찍한 경험도 했다. 차 열쇠도 돌리고 유리그릇을 돌린 적도 있으니 정말 나의 덜렁댐이 불러온 참사가 한두 건이 아니다. 다행히 차 문을 열어놓는 정도는 이런 참사에 비하면 귀여운 것이라고 할 수 있으나 차 문 앞에 서서 어이가 없어서 큰 소리로 웃으며 예전의 이 사건들이 머릿속에 빠르게 소환된 것은 나도 어찌해 볼 도리가 없었다.

사건이 날 때마다 난 자책했고 내가 너무너무 싫었다. 특히 세탁기에 유리그릇과 책을 돌렸을 때는 옷가지들에 다닥다닥 붙은 유리와

책 찌꺼기들을 떼기 위해 세탁기와 건조기를 몇 차례 돌리고 옷을 털고 하는 매우 곤란한 작업 과정 내내 벽에 머리라도 처박고 싶을 정도로 내가 너무너무 싫었다.

할 일은 많고 시간은 부족하니 늘 동동거리면서 사느라 그런 거라고, 겨우겨우 나 자신을 토닥여 마음을 추스르고 나면 다음번엔 어김없이 웃을 수도 울 수도 없는 이상한 사고가 발생하고 만다. 원래도 성향 자체가 차분하고 얌전한 거와는 거리가 있다. 덜렁대고 흥분도 잘 하고 감정적인데 거기다 해야 할 일과 책임이 늘어나자 자꾸 실수하게 된다. 어떻게든 실수를 줄이려고 최대한 긴장의 끈을 놓지 않고, 내가 지나온 자리를 한 번 더 살피려고 노력한다.

난 어둡고 침울한 상태에 머물렀다. 내가 나를 긍정할 수 없을 때, 난 무너졌다. 남들과 비교하면서 내 자존감을 깎아내고 있었다. 아무리 사소하더라도 실수가 반복되면 그렇게 되는 것 같다. 내 몸뚱어리 하나도 잘 어찌하지 못하고 쩔쩔매는 덜렁대는 내가 네 아이의 인생도 함께 데리고 살아야 하는 삶이 너무 퍽퍽하고 고됐다. 아이들과 하루 종일 붙어있으면서 사고도 많이 치고 소리도 참 많이도 질러댔다. '나 엄마 안 할래.' 선언하고 현관문을 나서고 싶었던 적도 많다. 내 삶을 돌보는 시간보다 다른 삶 돌보는 시간이 길어질수록 다정함은 슬그머니 꽁무니를 뺐고 별일 아닌 일에 수시로 버럭버럭 화를 냈다. 아이들에게 화내고 돌아서면 후회하고, 덜렁대다 사고 치고 돌아서 자책하는 시간들이 반복되었다.

마음을 조금씩 편하게 먹고 조금 시간이 걸리더라도 꼼꼼하게 살피기로 했다. 차에서 내리기 전, 한 번 더 뒤돌아보고 실내등은 꺼졌는지, 차 문은 닫혔는지 보고, 세탁기를 돌릴 때는 옷 말고 따라 들어가는 물건은 없는지 옷이 담긴 바구니를 그냥 통째로 털어 넣지 말고 옷가지 하나하나 들어 올려 보는 번거로움을 거쳤다. 시간이 걸리더라도 이렇게 하는 것이 유리그릇을 함께 걸려 수습하는 것보다 훨씬 수월하다는 것을 알기에 기꺼이 품을 들여 확인하는 시간을 가졌다. 덜렁대는 내가 너무 싫지만 덜렁대는 성향 자체는 바꿀 수가 없다. 매순간 덜렁댐의 그 자리를 조금의 여유로 매워 보려고 노력할 뿐.

늙은 엄마

· · ·

밤에 씻고 나와서 거울 앞에 서서 스킨로션을 바르고 있었다. 이불 위에서 뒹굴뒹굴하고 있던 민찬이가 내 등 뒤에서 말했다.

"엄마, 엄마는 왜 얼굴이 늙은 거야?" 살짝 당황한 내가 등을 돌려 민찬이를 바라보며 물었다. "어? 민찬아, 왜? 왜 엄마가 늙었다고 말하는 거야?" 조그마한 손으로 자기 얼굴에 손바닥을 올려놓고는 "그냥 엄마 얼굴이가 늙은 것 같아." 한다. 아마 주름살을 가리키고 있는 듯했다.

"엄마, 고운이 엄마는 안 그런데 엄마는 왜 그런 거야?"

　민찬이의 말들은 점점 적나라하고 구체적으로 변하고 있었다. 그것에 대적할 말은 내 안에 없었으나 난 최대한 민찬이의 궁금증을 풀어 주기 위해 서둘러 알아듣기 쉬운 말들을 골라 냈다.
　"민찬아, 고운이 엄마는 엄마보다 훨씬 나이가 어려. 봐봐 엄마는 아이를 몇 명 낳았지? 네 명이나 낳았지? 그리고 민찬이는 그중에 네 번째 아이잖아. 하지만 고운이 엄마는 고운이 딱 한 명만 낳았고 고운이가 첫째 아이잖아. 그러니까 엄마가 더 늙은 거야."

　내 말을 귀 기울여 듣고 있던 민찬이의 아리송해 하던 얼굴이 '엄마가 더 늙은 거야' 부분을 듣자 이내 우울해지고 만다. 그러면서 금방이라도 울음을 터뜨릴 것 같이 눈에 눈물이 가득 고여서는 "엄마, 엄마도 그럼 할아버지처럼 돌아가는 거야?"
　(1년여 전에 민찬이 친할아버지가 돌아가셨다. '죽음'이 무엇인지 아직 잘 몰랐던 아이는 장례를 치르고 몇 달이 지난 후, 우리에게 물었다. "엄마, 왜 할아버지가 집에 안 오는 거야? 너무 오랫동안 안 오네." 우린 그때 할아버지는 돌아가신거라고, 이제 할아버지는 만날 수 없다고 알려줬고 그 이후 민찬이는 더 이상 할아버지를 찾지 않았다.)

"그래, 맞아. 민찬아, 사람은 누구나 다 돌아가는 거야. 하지만 지금
은 아니야. 오랫동안 민찬이 곁에 머물 거야. 그러니까 엄마가 튼튼해
지려고 수영도 열심히 하고 그러는 거야. 알았지? 민찬아."

그때야 민찬이 얼굴이 보름달처럼 다시 환해진다.

오 남매 중 막둥이로 자란 난 늙은 부모 밑에서 자랐다. 그래서 민찬
이의 마음을 누구보다 잘 안다. 어린 시절, 친구 집에 놀러 가면 거기
에는 우리 엄마와는 비교할 수 없을 정도로 젊고 예쁜 엄마가 맛있는
것을 챙겨줬다. 나의 늙은 엄마는 온종일 논밭에서 일하느라 내가 학
교 갔다 올 때 한 번도 집에 있었던 적이 없는데 말이다. 친구들이 너
무 부러웠고 늙은 엄마가 부끄러웠다.

그런 내가 늙은 엄마가 되고 말았다. 서른 살부터 마흔 살까지 10년
동안 난 네 명의 아이를 품었고 낳았으며 키우고 있다. 그중에 막둥이
는 셋째와 네 살 터울로 태어났으니 출산이 더 늦었다. 그러니 어린이
집 다른 또래 엄마들과 열 살 이상 차이가 나는 것이다. 민찬이가 엄마
가 늙었다고 말하는 것도 무리는 아니다. 친구 엄마가 누나처럼 젊고
빛이 나니 말이다. 더 많이 운동하고 먹는 것도 관리해서 튼튼해지기
로 마음먹어본다.

정말 엄마처럼 일만 하면서 영혼까지 갈아 넣어서 자식들을 위해 희생만 하면서 살지 않을 거다. 다시, 어린아이를 키우면서 젊게 살고 있다. 육체는 세월의 흐름 속에서 늙어지는 깃은 어쩔 수 없는 일이지만 마음만은 늘 젊다. 내 앞의 어린아이가 나를 계속 웃게 하고 천천히 자라는 중이다. 아이의 시선으로 바라보는 세상은 언제나 웃을 거리가 많다. 내게 너무 버겁기만 한 '네 아이 엄마'라는 자리를 다 벗어던지고 도망치고 싶을 때도 이 아이의 천진난만한 웃음소리가 내 마음을 녹이고 또 엄마로 살게 한다.

민찬이가 또 좋아하는 것 중 하나는 세차장이라는 또 다른 세계에 들어서는 것이다. 세차장에 들어서기 전, 비눗칠을 위해 아저씨가 나타났다. 보조석에 탄 아이는 세차장 아저씨가 쏘는 대왕 물총의 물살이 창가에 닿을 때마다 자지러지며 웃어댔다. 이 모습이 귀여워 아저씨는 장난스러운 표정을 하고는 자꾸만 아이가 앉은 쪽 창문에 물 대포를 쏘았다. 드디어 세차장 속으로 차가 천천히 진입하기 시작했다. 기대에 찬 아이 눈은 반짝거린다. 무지갯빛 광선을 쏘며 사방에서 쏟아지는 물줄기에 아이는 아까보다 더 흥분해서 웃고 또 웃었다. 배꼽을 잡고 웃는 아이를 보고 나도 덩달아 배꼽을 잡고 웃었다. 근사한 놀이 농산의 놀이 기구가 부럽지 않다. 우리는 그 신비의 동굴 속에서 숨이 꼴딱 넘어가도록 웃어젖혔다. 웃다 보니 어느새 말끔히 씻긴 차가 다시 동굴을 벗어나 밖으로 삐죽이 고개를 내밀고 있었다. 우리는 서로 눈을 마주치며 환한 미소를 지어 보였다. 민찬이 눈에 밝게 웃는 내가 있었다. 내 눈에도 밝게 빛나는 민찬이가 있으리라. 다시, 어린아이의 엄마로 사는 삶이 좋다. 세상을 심각하게만 보지 않고 자잘한 행복을 많이 느낄 수 있어 참 좋다. 이 아이와 이렇게 웃고 또 웃을 수 있는 일이 사방에 널려 있어 정말 참 좋다.

민찬이는 태어나 보니 누나도 있고 형도 두 명이나 있었다. 그 틈바구니에서 부대끼며 자라다 보니 눈치도 엄청 빠르고 철도 빨리 들었다. 엄마가 자꾸 더 늙으면 돌아갈 것이 두려웠던 걸까? 엄마가 힘들지 않았으면 좋겠다는 그 마음으로 민찬이는 이날 밤 양치질도 스스로하고 엄마 말도 엄청나게 잘 듣는 아이가 되었다.

민찬아, 늙은 엄마라서 미안하다고 말하지는 않을래. 늙은 엄마인 건 엄마가 어떻게 상황을 바꿀 수가 없지만 민찬이 슬프지 않게 엄마가 몸도 마음도 관리 잘하고 튼튼해져서 민찬이 곁에 씩씩하게 있어줄게. 걱정하지 말렴, 아가야.

PART 5.

마흔 살 엄마

엄마의 꿈의 크기만큼 아이의 꿈도 자란다
· · ·

"**엄마, 엄마는** 언제부터 꿈이 작가였어?"

"엄마는 글을 쓰는 게 좋아?"

요즘 딸아이가 부쩍 이런 질문을 많이 한다. 사실 원래 내 직업은 공무원이다. 넷째가 생겨 직장을 휴직하면서 평범한 403호 아줌마로 리셋되었다. 그럼에도 내 책을 읽은 많은 사람들은 나를 '작가님'하고 부른다. 딸아이는 아마도 이게 신기한 모양이다.

세상의 많은 엄마들은 자신의 꿈을 사치라 여기고 살아간다. 남편의 승진과 아이들의 성적 향상이 내 꿈을 대신해 줄 수 있으리라 생각한다. 과연 그럴까? 자신의 인생을 희생하여 아이들 양육에 온 힘을 다했는데도 끝내 좌절하고 나는 엄마처럼 살지 않을 거라는 말을 듣게 된다면 마음이 어떨까?

아이를 셋이나 키우면서도 자아실현 욕구가 강했던 나는 늘 하고 싶은 것이 많은 꿈 많은 엄마였다. 꿈을 이루기 위해 이것저것 하고 싶은 일을 한답시고 아이들을 등한시했던 시간들도 분명히 있었다. 그때 《빨강머리 앤》책을 읽게 되었다. 문득 아무리 내 꿈이 중요해도 지금 발 딛고 서 있는 현실을 내팽개치고 이룬 꿈이 무슨 소용이 있을 것인지 생각해 보았다. 그때부터 나는 속도는 조금 더디더라도 삶과 조화로운 상태를 유지하면서 꿈을 향해 나아가려고 애썼다. 방향만 맞다면 속도는 충분히 조절하면서 가슴 뛰는 삶을 살 수 있다.

꿈을 향해 나아가는 첫걸음은 내 이름으로 된 책을 세상에 내놓는 일이었다. 우여곡절 끝에 책이 세상에 나왔고 엄마의 책을 보고 우리 딸이 누구보다 기뻐했다. 엄마가 드디어 작가가 되었다고 신기해하고 친구들에게도 자랑도 했다. 딸아이 담임 선생님께 사인을 해서 책 선물을 했다. 책을 다 읽은 선생님으로부터 연락이 왔다. 나중에 아이들 대상 꿈 강연을 통해 내가 지닌 꿈과 행복에 관한 열정과 에너지를 나눠주면 좋겠다고 말했다. 기쁘고 행복했다.

책 출간과 동시에 넷째가 찾아왔다. 임신은 분명 축복이었지만 책 출간 후 내가 계획했던 많은 행보들을 멈칫하게 했다. 입덧이 너무 심해서 일상생활도 거의 불가능했다. 입덧도 주춤해진 임신 6개월쯤 되었을 때 지방의 한 공무원 독서 동아리에서 작가 초청 권유를 받았다. 거리도 멀어서 잠시 망설였지만 늘 꿈꿔오던 일이라 1%의 행동력으로 일단 하겠다고 대답해 버렸다. 배불뚝이 임신부 혼자 다녀올 수가 없어 남편이 이틀 휴가까지 내고 온 가족이 다 같이 다녀왔다.

많은 사람들 틈바구니에 앉아 행복한 미소 지으며 책에 담은 내 삶을 나누는 모습을 가족들이 지켜봤다. 북토크를 마치고 사인하는 내 옆자리에 우리 딸 민아가 있었다. 민아는 엄마를 정말 자랑스러워하면서 바라보고 함박웃음을 지으며 좋아했다.

북토크를 마치고 나오자 우리 민아가 말했다.
"엄마, 엄마가 이렇게 하고 싶은 일을 행복하게 하는 모습을 보니까 진짜 기분이 좋아."

많은 사람들은 말하곤 한다. 아이들이 너무 어려서 아이들 다 키워

놓고 그때 가서 꿈을 펼쳐보겠노라고 말이다. 과연 그게 될까? 상황은 항상 안 좋다. 그때가 되면 또 무슨 일이 생겨서 방해할지 모른다. 상황은 좀 힘들고 열악해도 하고 싶은 마음이 떠올랐을 때 당장 행동하는 게 좋다. 아이들을 키우면서 조금씩 키워나가는 엄마의 꿈은 분명 아이들에게도 자극이 된다.

"엄마, 나도 엄마처럼 작가가 될 거야."
"정말? 우리 민아도 글 쓰는 게 좋아?"
"아니, 나는 그림 작가가 될 거야."
"와 그것도 정말 좋은 생각이야. 엄마는 글로 마음을 표현하고, 넌 그림에 네 마음을 담는 거야. 그러면 우리 나중에 엄마가 글 쓰고 민아가 그림 그려서 책을 펴내면 정말 좋겠는걸."

내 말을 듣고 민아의 눈이 반짝거리기 시작했다. 정말 그럴 수 있는 거냐며 한층 더 밝아진 목소리로 내게 미래에 이뤄질 우리 꿈이 지금 당장 눈앞에 보이기라도 하듯이 신나게 이야기를 이어간다. 엄마가 꿈을 꾸면 아이들에게 소홀해져서 미안해지는 것이 아니다. 엄마가 꿈을 향해 나아가는 발걸음 속에서 아이들도 함께 성장할 수 있다. 엄마의 꿈의 크기만큼 분명 아이의 꿈도 커진다.

마흔, 브런치 작가가 되다

· · ·

글 쓰는 삶에 대해, 책 쓰기와 글쓰기를 열망하는 내 마음에 대해 여러 날 뒤척이며 고민이 깊었다. 하고 싶은 것도, 쓰고 싶은 글도 많은데 욕심만 많아서 한 줄도 쓰지 못하는 나를 보면서 일단 쓰라며 글쓰기 공부도 시작했다. 육아 집중기를 지나면서 쓰고 싶어도 여력이 없어서, 의지가 약해서 글이 되지 못한 순간들이 많았다. 손에 닿는 쪽지에, 일기장에, 휴대전화 속 메모장에, 읽던 책의 가장자리에 여기저기 닥치는 대로 적어둔 것들이 많았지만 지금 와서 그것들을 다시 한 편의 글에 담아보려는 시도는 몇 번이고 실패만 거듭했다.

첫 책 출간과 넷째 출산을 동시에 해낸 진귀한 경험과 그 책과 그 아이가 내 삶에 미친 영향들에 쓰려다 막히고, 네 명을 돌보며 온전히 엄마로 살아낸 시간들을 쓰려다 또 막혔다. 엄마의 삶에 대해 쓰려다 나자신을 봤다. 잊고 있었는데 올해 마흔 살이라는 사실을 깨달았다. '네아이 엄마의 좌충우돌 육아서' 그 어디쯤에서 방황하고 있던 나는 시야가 넓어지는 경험을 했다. 마흔. 마흔. 이 '마흔'이란 두 글자가 내 삶에 훅 들어오자 이런저런 생각들이 차올랐다.

'서른 살부터 마흔 살까지의 10년 동안 아이 네 명을 낳았고, 그 아이들을 먹이고 입히고 재우는 엄마의 일에 매진하며 살았구나…'

'올해 마흔인데 마흔이라는 의식도 하지 못하고 올해 후반부가 다되어서야 '마흔'이 내 삶에 훅 들어오는구나…'

어떤 날은 사나운 엄마가 되어 아이들에게 분노를 퍼붓고, 어떤 날은 아이들 입에서 쏟아져 나오는 보석 같은 말들을 주워 담으며 끝없는 자식 사랑을 과시하는 분노와 애정 사이를 끊임없이 오갔다. 그 사이 어디 쯤에 나를 내려놓고 일단 내 앞에 다가온 무력한 신생아와 더불어 다른 세 명의 아이들을 정신없이 돌보다 보니 나에게 마흔이 배달되어 있었다.

매번 소리 지르고 매번 치밀어 오르는 부아를 어떻게 하지 못해 부들부들 떠는 엄마였지만 이 일상을 버텨내기 위해 애쓰는 시간들을 통과했다. 코로나 상황 속에서 돌봄에 학습의 업무까지 지워지게 되었을 때는 읽고 쓰는 일까지 사치처럼 느껴질 만큼 치열하고 고된 시간도 통과했다. 그럼에도 대체로 읽고 쓰는 일은 육아의 틈바구니에서 내 숨통이 되어주는 일이 잦았다.

걷기와 먹기 또한 그렇다. 매일 걸었다. 마음이 어지럽고 눈물 날만큼 고된 날이면 그저 걸었다. 숨이 가쁠 정도로 빨리 걸었고 자연의 품 안에 안겨 걷고 또 걷다 보면 어느새 지친 심신이 달래졌다. 먹기는 또 어떠한가. 먹는 일은 내 삶에서 아주 중대한 일이다. 먹는 것을 워낙 좋아하고 잘 먹는 나는 먹는 것에 지대한 관심을 갖기 시작했다. 건강한 몸은 결국 내가 무엇을 먹었는지에 달려있다는 것을 새겼다. 배만 불리는 밥상이 아니라 영양을 먼저 생각했다. 단백질 위주의 식단을 정갈하게 차리는 데 신경을 썼다. 엄마가 건강 밥상에 관심을 가지자 나머지 가족들도 맛도 영양도 좋은 것을 얻어먹게 되었고 우리 가족은 점점 건강한 몸이 되어 갔다. '가족들의 건강은 엄마의 부엌에서 결정 난다.'는 말을 실감했다.

읽기, 쓰기, 걷기, 먹기, 웃기. 앞의 두 개는 내가 잘하지는 못하지만 좋아하는 것이고 뒤에 세 개는 내가 잘하면서 좋아하는 것이다. 좋아하는 것들을 일상 구석구석에 비치했다. 그냥 손을 뻗으면 손이 닿을 수 있도록. 걷다가 뭔가 떠오르면 쓸 수 있게 가방 속에는 항상 휴대전화 옆에 블루투스 키보드가 있다. 육아에 매몰되지 않으려고 안간힘을 쓸 필요도 없었다. 잠시 숨 돌릴 틈이 나면 설거지하다가도 커피 한 잔 들고 앞치마 두른 채 베란다 한쪽 구석에 놓인 캠핑 의자에 앉으면 그곳이 세상 어디에도 없는 나만의 카페가 되었다. 상황이 완벽할 때 차려입고 노트북과 책들을 가방에 넣고 스타벅스에 가야만 내 온전한 시간을 누릴 수 있다는 생각을 버렸다. 그런 완벽한 상황은 한 달에 한 번도 오지 않을 것임을 알기에 스스로 살길을 모색했다. 이렇게 나는 네 아이 엄마로서 굳건히 선 채 내 삶을 온전히 누리는 법을 느리지만 단단하게 배워가는 중이다. 누가 뭐래도 '행복한 마흔'을 살고 있다.

브런치 작가 도전은 휘청대던 육아 집중기를 지나 행복한 마흔을 살아가고 있는 내가 나 자신에게 주는 선물이다. 이제 시작이다. 내 공간이 생겼으니 앞으로 서툴지만 꾸준히 글을 써야겠다. 여기저기 흩어져있는 글쓰기 파편들을 동지 삼아 펜을 들어보려고 한다.

마흔, 요양보호사 자격증을 따다

• • •

유독 내 곁에는 아픈 몸을 사는 사람이 많았다. 친정 아버지는 몇 해 전 대장암 판정을 받으시고 항암 치료와 방사선 치료를 통해 수술하신 몸으로 살아간다. 시아버지는 젊을 때부터 간이 안 좋으셨는데 요즘은 간성 혼수까지 한 번씩 겪어내는 몸으로 살아간다. 난 자연스럽게 늙음과 죽어감에 관심이 많아졌다. 친정아버지와 시아버지의 병을 이해해 보려는 시도로 '생로병사의 비밀'이나 '명의'와 같은 프로그램을 찾아보고 몸에 대한 책들도 읽으면서 여러 날을 보내기도 했다.

주변에서 젊은 나이에 세상을 떠나는 사람들도 여럿 보았고 그럴 때마다 늘 '죽음'이란 것이 사는 동안 그림자처럼 따라다니는구나, 싶으니 자연스럽게 '어떻게 죽을 것인가'에 대한 것들에도 자꾸 마음이 갔다. 그러면서 이 '요양보호사'란 직업에 대해서도 알게 됐다. 집안에 직접 이 일에 종사하는 분들도 몇몇 있어서 현장의 생생한 이야기들도 많이 들었다.

직장 생활을 하고 있었다면 퇴직 후에나 취득할 수 있는 자격증이었을 것이다. 넷째를 낳고 코로나 국면을 헤쳐나가며 육아휴직을 연장한 상태였다. 복직 전, 해야 할 일 목록에 적어놓고 때를 기다렸다. 학원에 전화부터 했다. 한 달 동안 하루 8시간 학생처럼 공부하고 시험을 치르면 된다고 했다. 코로나 시국이라 현장 실습도 학원에서 영상 보는 것으로 대체한다고 했다. 우선 내가 학원에서 늦게 돌아오면 그 시간 아이들의 하원을 도와주셔야 할 어머님과 상의했다. 흔쾌히 동의했다. 그다음에 말한 남편도 학원비까지 대주면서 응원과 지지를 보냈다.

사람은 누구나 늙는다. 언제나 젊음이 내 안에 머물러 있을 줄 알고 자만하고 살지만 늙고 병들고 죽는 건 인간의 숙명이다. 의학의 눈부신 발달로 수명이 연장되었다고 해도 인간은 누구나 기간만 다를 뿐 아프고 병든 몸으로 살다가 죽게 된다.

첫 수업 시간, 젊은이가 나밖에 없으면 어떡하지, 하는 우려가 무색하리만큼 젊은 사람들이 많다. 깨어있는 사람들, 준비성이 철저한 사람들, 내가 노후 대책, 유비무환이라 여겼던 '가족 요양'이 지금 당장 필요해 온 사람도 두 명이나 있다. 특히, 아내가 아파서 더 이상 직장 생활을 할 수 없는 처지에서 가족 요양을 위해 이 자격증을 따러 왔다는 한 할아버지의 떨리는 말소리에 마음이 숙연해졌다.

강연을 시작하면서 서울대 신입생 설문조사에서 '부모님이 몇 세까지 살길 바라느냐'라는 질문에 60세라고 답했다고 하는 말이 충격적으로 들렸다. 20살 청춘에게 60이란 나이는 저 멀리 있는 이야기처럼 생각이 되었던 모양이다. 자신에게는 닥치지 않을 일로 여기는 오만불손한 생각이 아닐 수 없다. 또한 연세 지긋한 부모님이 여기저기 안 아픈 데가 없다며 앓는 소리를 하면 "좋은 요양원을 알아봐 드릴까요?"라고 말한다는 말에 깜짝 놀라기도 했다.

노인의 개념부터 시작해서 치매, 뇌졸중, 파킨슨 질환 등 노인성 질환에 대해 배우고 섭취 요양과 배설 요양을 배우는 시간을 통과해 임종 요양까지 배우고 나자 수업은 막바지에 이르게 되었다. 노인의 질병에 대해 배우려니 인간의 인체에 대해 알아야 했다. 사람의 생각으로는 도저히 가늠조차 할 수 없는 신묘막측한 몸에 대해 배웠다. 살아가는 내내 건강한 몸을 유지하기 위해 생명의 주체인 피가 좋아하는 음식을 가려먹는 법에 대해서도 배웠다. 아무리 건강한 먹거리를 챙겨 먹고 운동을 해도 인간은 누구나 늙고 자신의 힘으로 먹고 싸는 일을 할 수 없는 때가 온다. 그런 때가 오기 전에 죽음을 맞는 것이 복일 수 있겠구나, 잘 사는 것만큼 잘 죽는 것이 중요하구나. 살아있을 때의 모든 걸음걸음이 죽음의 질을 결정하겠구나, 여러 마음이 스쳤다.

누구나 한 번은 맞이하게 될 죽음이다. 수업을 들으면서 그간 내 삶을 관통했던 너무 이른 나이에 안타깝게 생을 끝낸 그런 몇몇 죽음이 떠올랐다. 죽음이 나와는 상관없는 일인 양, 외면하고 살지 않고 당장 유언장을 작성해 가슴에 끼고 살리라 마음도 먹었다.

학원에서 만난 수많은 사람 책도 내 삶에 영향을 끼치고 있다. 치매에 걸린 시아버지를 7년 동안 집에서 모셨다는 분, 아픈 남편 병시중을 오랫동안 해오다 남편을 먼저 떠나보낸 분, 뇌졸중으로 쓰러진 아내를 돌보고 있는 분까지. 여러 사람 책을 만났다. 모두 상황과 처지는 다르고 사는 모습도 다르지만 우리는 이곳 '요양보호사' 학원에서 만났다. 이 공부를 하러 오신 분들은 기본적으로 노화, 돌봄, 질병 등에 관심이 있거나 직접 연루되어 있었다.

공부하는 내내, 특히 부모님 생각이 많이 났다. 이제는 죽을 날이 더 가까워진 노쇠한 몸을 사는 사람들. 자식들 키우느라 평생 써먹은 몸뚱이는 한 곳 한 곳 고장이 나기 시작한 내 곁의 늙고 귀한 존재들. 학원 다니고 있는 동안 친정에 다녀온 적이 있다. 전에는 이것저것 걸리는 것이 많고 네 아이 챙겨 그 먼 곳을 다녀오는 것이 번잡스러워 한 번씩 친정 가려면 큰 각오와 결의가 필요했다. 이번엔 보고 싶은 마음 하나면 충분했다. 그 마음 하나가 막둥이 딸을 엄마 아빠 품에 안기게 했다. 늙고 야윈 엄마 아빠 품에 안겨 "막둥이 딸 이렇게 긍정적이고 건강하게 잘 키워주셔서 감사하다."라고 이제껏 하지 못한 말을 했다.

변화는 시댁 쪽을 향해서도 일어났다. 전에는 시어머니 말 한마디에 휘청대고 속이 시끄러울 때가 많았다. 수시로 내 마음을 진창으로 만들어버리는 것이 영 못마땅하고 싫었다. 이제 그런 것은 어떤 것도 문제 될 것이 없다. 그저 어머님이 아픈 몸 말고 건강한 몸으로 우리 곁에 머물러 계신다는 것 자체가 감사했다. 또한 내향성, 경직성, 조심성 등 노인의 특성에 대해 알고 나니, 노인의 마음 상태와 그 사람이 살아내고 있는 세계가 조금씩 보이기 시작한다. 시댁 어른들 때문에 삶에서 질척대던 시간들이 줄었다.

요양보호사 공부를 하게 되면서 매사에 더욱 감사하는 마음이 커진다. 지금까지 너무도 당연하게 여기며 살았던 것들에 대한 '생존'을 위한 기본 욕구가 충족되는 것만으로도 깊은 감사를 드려야 함을 마음에 새긴다. 먹고 싸는 기본적인 일만 스스로 할 수 있어도 그저 감사해야 한다는 마음이 생기면서 삶 앞에 겸손해졌다. 전에도 걸을 수 있는 다리, 볼 수 있는 눈, 들을 수 있는 귀, 먹은 걸 잘 소화시켜 줄 건강한 오장육부. 이 모든 것을 허락하신 것에 감사하는 마음을 품고 살았다. 이 두루뭉술한 감사가 내가 살아보지 못한 나이 든 삶을 엿보면서 매우 세밀하고 구체적으로 다가온다. 감히, 헤아릴 수 없었던, 교만한 마음으로 이해하지 못했던, 나와는 안 맞는다고 불평불만 늘어놓던 마음이 수그러든다. 남을 돕는 요양 보호에 대해 배우려다 내 삶이 감사와 행복에 더 가까워진 경험을 했다.

덧붙이는 글

수업 마지막 날, 강의실 여기저기에서 동시에 문자 알림음이 울렸다. 이곳저곳 탄식 소리가 흘러나온다. 얼른 문자를 확인했다. 안전 안내 문자였다. '코로나 단계 격상으로 전면 등교 중지'를 알림. 아직 어린아이들을 돌보는 사람들이 몇 있었고 우린 침을 튀기며 이 기막힌 상황에 대해서 이야기를 나눴다.

"정말 타이밍도 기가 막히네요. 어쩜 이렇게 수업 끝나자마자 이런 일이 있어요. 그래도 다행이라고 생각해야겠죠. 수업 듣는 중에 이런 일이 생겼다면 정말 난감했을 거예요."

240시간의 요양보호사 이수 시간을 마치자마자 숨 돌릴 틈도 없이 네 명의 아이들을 돌보는 사람이 되었다. 새벽에 일어나 준비하고 학원으로 내달리는 대신, 아이들 밥을 짓고 학습을 시켜야 하는 고된 엄마의 삶이 시작됐다. 정신없이 아이들 틈에서 시간을 보내다 보니 새벽밥 지어먹고 아이들 챙겨 어린이집과 학교 보낸 후, 학원에 가서 하루 종일 공부하고 돌아오던 그 시간들이 아득한 옛일 같았다. 아이들 네 명 돌보는 시간 속에서 몸은 고되고 삶은 팍팍했으나 뜨거웠던 40일간의 배움이 내 삶을 통과하면서 나는 조금 더 단단해지고 조금 더 숙연해졌다. 여전히 아이들에게 짜증을 내고 화도 냈지만 어떻게든 그 상황과 처지에서도 감사할 거리를 찾아내고야 말았다.

마흔, 바이올린을 켜다

· · ·

초등학교 아니 그땐 국민학교였지… 시골에서 엄마를 졸라 읍내까지 피아노 학원에 다녔다. 꾸준히 하지 못하고 아마 바이엘쯤 하다 그만둔 것 같다. 그게 평생 후회가 된다. 악기 하나 다루지 못함이 못내 아쉽고 안타깝다.

큰딸 민아는 학교에서 방과 후 교실에서 바이올린을 배운다. 1학년 때 손이 너무 아프다며 몇 번이나 그만두고 싶다고 말했다. 이런저런 말로 선생님과 함께 계속해 나갈 수 있도록 민아의 마음을 다독이는 데 최대한의 노력을 기울였다. 감사하게도 민아는 힘든 고비를 넘겼고 2학년이 된 지금도 바이올린을 잘하고 있다. 동요 몇 곡쯤은 거뜬히 연주하게 되었다. 나도 다룰 줄 아는 악기 하나 있었으면 좋겠다는 생각을 늘 품고 지냈다.

악기 하나 다룰 줄 모르는 것이 늘 마음에 한이었던 나는 넷째가 돌 때쯤 되었을 때, '바이올린 배우고 싶다'는 어렴풋한 생각을 행동으로 옮겼다. 중고 사이트에서 바이올린을 구입하는 것으로 행동을 시작했다. 그리고 난생처음 바이올린 선생님을 만나 레슨을 받았다. 돌쟁이 아가 포함 온 가족이 엄마의 바이올린 레슨을 위해 총출동했다. 내가 레슨 받는 동안 남편은 1시간 동안 네 명의 아이들을 돌봤다.

어느 날 아침은 레슨 가려고 준비하는데 민찬이가 몸이 편치 않은지 엄청 칭얼댄다. 콧물도 주룩주룩. 이런 상황에서 내가 바이올린을 배우러 가도 되는 것인지… 마음이 좋지 않았다. 다녀와서 더 아프게 될까 봐 걱정도 되었다. 내 욕심 채우려고 돌쟁이 아가에게 너무 큰 희생을 강요하는 건 아닌지 자꾸 마음이 쓰였다. 아무튼 우리 온 가족은 레슨 장소에 도착했다. 열악한 상황 속에서, 여러 사람의 희생 속에서 얻어낸 레슨 시간은 내게 참으로 귀하고 귀했다.

귀를 기울이고 마음을 열고 눈을 반짝거리며 선생님 말씀에 집중했다. 악기의 받침을 끼우는 법도 활을 잡는 법도 몰랐던 내가 소리를 내기 시작한다. 아직도 바이올린을 연주하고 있다는 게 믿기지 않을 정도로 신기하다. 그저 감사하고 설레고 기쁜 일이다. 평생을 살아가는 내내 음악이 내 삶의 일부가 되어줄 거란 생각에 기쁘고 감사하다. 먼 훗날, 백발의 할머니가 되어서도 손주들과 함께 바이올린 연주하는 멋진 할머니가 되고 싶다.

틈만 나면 우리 집에서 바이올린 연주하는 소리가 울려 퍼진다. 일상의 무료했던 틈을 민아와 바이올린 연주하면서 채우고 있다. 우리가 연주하니 민혁이와 민유도 바이올린 배우고 싶다고 말한다. 남편까지 배우면 온 가족이 연주하는 모습 상상으로만 남아있진 않게 될 듯하다. 지금 내가 연주하는 것은 음악이라 하기엔 좀 그렇지만 이것만으로도 난 신기하고 감사하다.

바이올린이라고 하는 것은 늘 타인의 것이었다. 다른 사람이 연주하는 것만 들어왔다. 내가 연주하리라고는 생각해 보지 못했다. 내겐 너무 멀고 어려운 것이었다. 그것을 인생에서 처음으로 만나고. 난 이 정체 모를 것을 내가 계속할 수 있을지 없을지 도무지 가늠조차 할 수조차 없었다. 매번 상황은 열악하고 힘들었으나 그때, 내 손의 움직임에 의해 아직 음악이 되지 못한 소리들이 나는 것만으로 얼마나 신기하고 설렜는지 모른다.

레슨 때마다 호들갑을 떨면서 바이올린 선생님께 말했다.

"선생님, 제가 바이올린이라는 것을 잡고 뭔가 소리를 내고 있다는 것만으로 너무 신기해요." '작은 별', '나비야'를 겨우겨우 연주하면서도 이렇게 아이처럼 신나고 들뜬 내 모습을 보면 선생님은 이렇게 말했다.

"처음 바이올린 시작하면 몸에 힘이 잔뜩 들어가니까 손도 아프고 온 몸이 쑤셔서 다들 힘들어하는데 송이님은 처음부터 이렇게 좋아하시니 전 그게 더 신기해요."

겁도 없이 바이올린을 집어 들었다. 첫 책을 출간하고 음악연주와 내 삶을 버무려 북콘서트를 했다. 그때, 인연을 맺은 연주자들 중 한 명이 레슨 선생님이 되어주었다. 나도 그들처럼 음악으로 사람들과 소통하고 많은 이들에게 감동을 주고 싶다는 꿈을 품었다. 악기 중에 바이올린이 가장 예민하고 어려운 것이라는 것을 나중에야 알았다.

힘든 상황 속에서 어떻게든 이어오던 레슨은 코로나 상황 속에서 자연스럽게 할 수 없게 되었다. 그동안 배운 열 곡을 조금씩 혼자 연습하는 것도 코로나로 학교와 어린이집이 멈추고 네 아이가 모두 집에 머물게 되면서 어렵게 되었다. 그렇게 내 삶 속에 잠시 들어왔다 나가버린 바이올린이었다. 그냥 이대로 보내기엔 너무 아쉽고 슬픈 마음이 생겼다. 바이올린을 가방에서 꺼내 보지도 못한 채 그렇게 몇 달이 흘러버렸다. 몇 달 동안의 공백이 지금까지 배운 것들도 다 잊어버렸을까봐 너무 걱정이 되었다. 악보도 잘 못 보고 음악에는 별 소질이 보이지 않는 나라 더 걱정이 되었다.

어느 날, 몇 달 동안 처박아 두었던 바이올린을 다시 꺼냈다. 줄이 하나 끊어져 있어서 줄도 새로 갈았다. 아직 많이 연주하지도 않으면서 그간 끊어먹은 줄이 몇 개째인 줄 모르겠다. 바이올린도 재정비하면서 육아에 집중하느라 멈췄던 연주를 다시 하리라고 마음먹었다.

아이들 다 떠난 집에서 악보를 펴고 바이올린을 집어 들었다. 폼을 잡고 활을 올리고 내렸다. 난다. 소리가. 가슴이 다시 뛰기 시작한다. '작은 별'도 '나비야'도 '주먹 쥐고'도 '봄바람'도 내 몸이 기억을 한다. 와 정말 신기하다. 몸으로 익힌 것은 오래 남는다더니 몇 달 동안 잡아보지도 못한 바이올린인데 금방 연주가 다시 된다. 처음 레슨을 시작했을 때처럼 설레고 기쁘고 가슴이 마구 뛴다. 지금까지 배운 열 곡이라도 매일매일 연주하면서 완벽하게 연주할 수 있을 때까지 연습해야겠다. 난 그저 바이올린 연주하는 내 모습이 마냥 신기하고 좋다. 열 곡만 연주하더라도 이 바이올린을 평생 내 품에 끼고 놓고 싶지 않다.

다시 내 삶에 들어온 바이올린아, 반갑고 고맙다.

마흔, 생애 처음 수영장에 가다

· · ·

어릴 때 냇가 옆에서 자란 난, 학교 끝나고 오면 가방 던져놓고 집 옆 개울에서 수영을 했다. 수영이 아니라 물놀이란 표현이 적당할 것 같다. 어떤 이들은 물이 무서워서 수영을 못 하겠다 했다. 물속에 있으면 숨이 막혀 죽을지도 모른다는 두려움이 엄습한다고. 나에겐 그런 두려움은 애초에 없었다. 물은 내게 너무 친숙한 존재였다. 난 늘 물가에서 놀았으니까. 하지만 마흔의 생을 사는 동안 난 수영장이란 곳은 단 한 번도 가 본 적이 없다. 수영이란 대단한 사람들이 하는 특별한 스포츠라는 생각을 했을지도 모르겠다. 살을 거의 다 드러내놓고 작은 천 조각을 걸치고 해야 한다는 것에도 거부감이 들었던 것 같다. 민망하고 부끄러웠다. 이런저런 이유로 수영장을 지척에 두고도 단 한 번도 그 문턱을 넘어설 용기를 내지 못했다.

그러던 어느 날 내 안의 용기를 끌어모아 수영장 문턱을 드디어 넘었다. 수영복은 최대한 내 몸의 많은 부분을 가릴 수 있는 것으로 골랐다. 원피스형 수영복을 입어야 한다기에 위에는 어깨까지 덮고 하의는 무릎까지 내려오는 가장 기장이 긴 수영복을 선택했다. 최대한 내 몸을 가려야 한다는 강한 의지력이 발동했다. 수영복을 고를 때, 애초에 디자인, 기능성, 색상 등은 고려 사항이 아니었다. 그동안 옷으로 숨겨놓았던 내 많은 살을 드러내놓기가 민망하고 창피할 뿐이었다. 정녕 이 작은 천 조각만 걸치고 내가 남녀가 섞인 그 수영장에 당당히 걸어 들어갈 수 있을지도 알 수 없었다.

수강 신청 첫날, 새벽부터 긴 줄을 서서 수강 신청을 했고 다행히 새벽 초급반 입성에 성공했다. 강습 첫날, 떨리는 가슴을 진정시키며 자꾸만 위로 올라가는 수영복 끄트머리를 손으로 아래쪽으로 내리면서 수영장 물속으로 조심스레 들어갔다. '생각보다 물이 깊다.' 이 생각을 하고 있을 때, 나보다 훨씬 어려 보이는 귀엽게 생긴 여자 강사의 "안녕하세요."란 우렁찬 목소리와 함께 내 생애 첫 수영이 시작되었다.

수영은 하면 할수록 재밌고 유익했다. 또한 수영과 글쓰기는 어딘가 모르게 닮아있다. 수영장에 일단 가서 물속에 들어가야 실력이 늘듯 글도 써야 써진다. 머릿속에 수만 톤의 생각이 도사리고 있어도 끄집어내지 않으면 물거품이 되고 만다. 내가 꼭 한 번만이라도 수영장에 가 보고 싶다는 생각을 품었던 건, 2층 헬스장에서 바라다보이는 수영장을 볼 때였다. 물속에서 즐겁게 즐기는 사람들을 보고 '나도 언젠가는 수영을 해봐야지' 하는 마음을 품었다. 아무런 준비도 없이 일단 수영복부터 샀고 수영 강습반에 등록을 해버렸다. 수영장에 가지 않았다면 난 아직도 수영을 한 번도 해보지 못한 사람일 거다. 수영장에 갔기에 난 수영하는 사람이 되었다. 머릿속에 있는 생각은 무용하고 글이 써야 써지듯 말이다.

처음 수영을 시작하고 레인 끝에서 끝은커녕 조금만 가도 숨이 차서 멈춰야 했다. 옆 레인에서 멈춤 없이 계속 돌고 도는 할머니들이 신기할 따름이었다. 저 할머니는 숨도 차지 않은지 눈이 휘둥그레져서 쳐다보곤 했다. 더 놀라웠던 건 물속에서 인어공주처럼 물살을 가르며 쉼 없이 헤엄치던 그 할머니가 물 밖에 나와서는 걷는 것조차 힘들어하며 다리를 질질 끌고 가는 모습을 볼 때 너무 놀라서 할 말을 잃고 말았다. 존경심과 경외심이 동시에 올라오는 순간이었다. 나도 어느 정도 시간이 흐르자 한 바퀴 정도는 아주 간신히 갔다 올 수 있게 되었다. 조금 더 시간이 흐르자 세 바퀴, 다섯 바퀴도 가능해졌다. 나도 모르는 사이에 폐활량이 좋아진 듯했다. 몇 바퀴를 돌아도 숨이 차지 않았다. 이게 바로 숨통이 트인다는 것일까.

　글도 마찬가지다. 처음에는 짧은 글밖에 쓰지 못하고, 글에도 근육이 있어서 꾸준히 쓰지 않으면 감을 잃게 되고 글 근육이 약해지고 만다. 매일 꾸준히 쓰는 것이 글 근육을 키우는 가장 좋은 방법이다. 지름길은 없다. 수영을 하면서 가장 많이 듣는 말은 '힘을 빼라'는 것이다. 너무 잘하려고 하면 몸이 경직되고, 그 자세가 반복되면 수영이 끝나고 나면 온몸의 근육들이 아프다고 아우성친다. 글을 쓸 때도 처음부터 너무 거창한 것을 너무 잘 쓰려고 하면 한 문장도 쓰기가 어렵다. 힘을 빼고 머릿속에서 떠오르는 생각들을 자유롭게 쓰다 보면 그냥 써지는 것이 글인 것 같다.

　물속은 나만의 세계다. 아무도 알 수 없고 그 누구의 방해도 없다. 날 괴롭히는 온갖 잡념과 걱정 근심을 밀쳐내고 온전히 나로 존재하게 한다. 글을 쓰는 동안 난 그 안에서 온전한 나 자신을 만난다. 속상하고 힘들었던 일들을 털어버리고 나를 다독인다. 내 마음의 상처를 보듬고 나를 안아준다. 나는 수영하는 시간과 쓰는 시간이 참 좋다. 나 자신을 사랑할 수 있는 최고의 시간이다. 큰돈 들이지 않고 나 자신을 구체적인 방법으로 보듬고 토닥일 수 있는 길이다. 사람들 사이에 있는 것도 싫어하지 않는 활달한 성격이지만 혼자의 고독을 온전히 누릴 수 있는 고요한 단독자의 시간들도 너무 귀하다.

　새벽형 인간인 나는 새벽을 이용해 글을 썼다. 내 삶에 수영이 들어오면서 내 삶은 달라졌다. 새벽에 쓰기 대신 수영을 택하는 날들이 많아졌다. 쓰고 싶은 욕구를 잠시 내려놓고 수영장으로 향했다. 수영장에서도 쏟아지는 수많은 에피소드가 다시 날 쓰는 사람으로 만들었다. 왼팔 돌리고 오른쪽 팔을 돌리면서 숨을 쉬려고 고개를 오른쪽으로 돌릴 때, 고개를 너무 많이 쳐든다며 내 머리통을 쑤욱 밀어 넣던 강사의 손길을 잊을 수가 없다. 그날, 난 출근해서 사람들에게 그 사건에 대해 이야기하고, 일기장에 적으며 내 수영 방법을 다시 돌아봤다. 머리통을 맞으니 고개를 어떻게 돌려야 하는지 확실히 감이 왔다. 그 강사는 수업 말미에 혹시 과격한 자신의 수업 방식에 기분 나빠하지 않았으면 좋겠다고 사과했다. 난 몸이 기억할 수 있도록 확실히 짚어준 그 강사에게 오히려 고맙다. 또한 그 사건은 수영 인생에 한 페이지가 되었고 글감이 되었다. 글감이 늘수록 쓰고 싶은 마음이 꿈틀대기 시작한다.

　수영과 쓰기의 선순환이 일어나기 시작했다. 수영도 글쓰기도 잘 해보고 싶은 날들이 이어지고 있다. 늘 숨 가쁘게 살고 있는 내게 수영과 쓰기가 내 삶의 동력이자 에너지원이 되어준다. 쓸 수 있는 공간이 있어 감사하고 수영을 할 수 있는 삶이라 또 감사하다.

3개월에 한 번씩 맛보는 출간의 기쁨

• • •

'맘스다이어리'는 3개월에 한 번씩 출간의 기쁨을 맛보게 해 준다. 육아에 지쳐 일상에 떠밀려 살다가도 100일에 한번 어김없이 내 삶에 들어와 반갑고 귀한 선물을 전해준다.

첫째 아이가 뱃속에 있을 때부터 일기를 쓰기 시작해 넷째 아이가 네 살이 된 지금까지 멈추지 않고 꾸준히 쓰고 있다. 아이가 한 명, 두 명 늘어날 때마다 일기장의 제목도 바뀌었다. 처음 첫째가 뱃속에 생겼을 때 이 사이트에 일기를 쓰기 시작했다. 첫째 임신한 기쁘고 신기한 경험을 글과 사진으로 남겼다. 11년 전 첫째가 뱃속에 생겼을 때

'민아의 성장일기'라는 제목으로 시작된 일기장의 제목은 지금 '민아, 민혁,민유,민찬의 성장스토리'가 되었다. 제목에 기입할 글자 수가 너무 많아 아이들 이름을 띄어 써서도 안 되는 상황. 제목 안에 꽉 들어찬 아이들 이름만큼 아이들이 늘어갈수록 페이지마다 네 명의 아이들의 지지고 볶는 장면이 포착되어 실려있다. 그 와중에 간간이 엄마 노릇에 대한 푸념이 섞여있기도 하다.

일기장은 내 육아의 모든 흔적을 담고 있다. 아가 낳고 나서도 그 생생한 감동의 시간을 얼른 글에 담아야 된다며 일기부터 썼다. 젖이 차올라 딱딱하게 굳어가는 젖몸살의 추억도 모두 일기장에 담겨 있다. 일기장은 묘한 매력을 지닌 물건이다. 어떤 페이지를 펼쳐도 사진과 글이 함께 그 당시 그 생생한 현장에 서게 하는 마법을 부리고 그 당시 내가 느꼈던 감정을 그대로 되살린다.

백일 동안 하루도 빼놓지 않고 일기를 쓰면 무료로 출판해 준다. 조금만 신경써서 부지런한 일상을 꾸리면 백일마다 아이들의 모습과 엄마의 삶이 담긴 한 권의 책이 내게 배달된다. 무료 출판을 위해 백일동안 하루도 빼놓지 않고 일기를 쓰려는 노력은 10년이란 시간이 흐르자 자연스럽게 몸에 배었고 그 백일에 백일들이 모아 지면서 일기장에 담긴 삶의 흔적들이 늘어가고 있다. 블로그나 브런치에 글을 쓸 나만의 공간을 마련하기 전부터 나만의 안전지대가 되어주고 매일 쓰게 했던 맘스다이어리가 어쩌면 내 삶의 글쓰기 씨앗이 되었는지 모른다.

1일부터 시작해 100일이 차면 "축하드립니다. 무료 출판이 가능하십니다."라는 축하 인사까지 받으며 일기 편집을 시작한다. 일기 속 과거가 된 시간들을 매만지며 지난 3개월의 시간을 복기한다. 사진을 보고 그간 써놓은 일기를 다시 읽어보면서 그 시간 속을 걸어본다. 역시 쓰길 잘했고 그때 그 장면을 사진으로 남겨 놓길 잘했다. 이렇게 글과 사진으로 남은 우리의 추억들이 앞으로 살아갈 삶을 더욱 풍요롭게 해 주리라 믿는다.

첫 아이가 뱃속에서 자라는 것을 알게 되었을 때 쓰기 시작해 10년 넘게 이어진 이 일을 내가 할머니가 되어도 계속할 것이다. 3개월마다 누리는 이 출간의 기쁨을 결코 포기할 수 없기에, 다 자란 우리 아이들이 이 일기장을 펼치고 누릴 그 감동과 행복을 기어이 보고 싶기에 난 기꺼이 매일 사진을 찍고 글을 쓸 것이다.

100일 동안 쓴 일기들을 모아 한 권의 일기장으로 편집할 때면, 마치 진짜 나만의 책을 출간한다는 생각으로 문장 하나하나에 온 마음을 담아낸다. 3개월의 매일매일의 일기를 다시 한번 읽으며 오탈자 수정에도 열을 올린다. 오탈자도 수정하고 문구도 고치고 있으니 정말 한 권의 책을 탈고하고 있는 듯하다.

일기 편집을 마치고, 일기장이 출판되기를 기다리는 동안, 설레고 기대하는 마음이 자꾸만 풍선처럼 부푼다. 내가 편집해 놓은 글들이 어서 한 권의 책이 되어 내 손에 도착하기를 고대한다. 주문 한 지 일주일 정도 지나자 내 글의 편집이 끝났다는 메시지를 받았다. 그날, 하필 약속이 있어 밖에 나가 있는데 드디어 맘스북이 도착했다는 알림 문자가 왔다. 지인을 만나 차를 마시고 있었는데 상대방이 무슨 말을 해도 머릿속은 일기장 생각뿐이다. 어서 집으로 달려가서 일기장을 품에 안고 싶었다. 온라인 상에서만 보던 내 글들을 어서 책 속에서 만나고 싶은 마음이 풍선처럼 점점 커져 이제 터질 지경이었다. 설레는 마음으로 택배 상자를 열고 일기장을 품에 안았다. 표지부터 한 페이지 한 페이지 넘길 때마다 떨리고 설렌다.

아이들이 한 명, 두 명 집에 들어설 때마다 "민아야, 엄마가 일기장 만들었어. 얼른 봐봐. 어때 정말 멋지지? 봐봐 이날 이런 일 있었는데 생각나?" 하면서 호들갑을 떤다. 그 호들갑은 정확하게 남편에게까지 다섯 번을 떨어야 끝이 났다. 그리고 그 호들갑은 매일 밤 반복됐다. 잠들기 전 수면 행사처럼. 다음 일기장이 편집되어 우리 집에 도착할 때까지 이 일기장을 향한 유난스러운 사랑은 계속될 것이다.

한 장 한 장 넘길 때마다 사진과 글에 담긴 그날의 추억이 생생하게 살아나 우리앞에 펼쳐진다. 엄마로만 사는 시간 동안 아이들은 무럭무럭 자라나도 나는 아무것도 한 것 없는 것만 같았는데 책 속에 담긴 글들이 그 시간들에 의미를 더해준다. 페이지마다 활짝 웃고 있는 아이들의 모습에서, 페이지마다 유영하는 활자들 속에서 짧은 시간만에 빠르게 적어 내려가던 단상의 흔적들 속에서, 휘청대고 뒤척이던 애씀의 발자국을 발견한다.

어떻게든 매일, 뭐라도 쓰게 해 주는 맘스다이어리가 고된 육아의 터널을 지나는 데 큰 힘이 되어준다. 나만의 귀한 책이 한 권 한 권 늘어 책꽂이 한 칸을 가득 채웠다. 책이 더해질수록 행복감과 성취감도 커진다. 매일 쓰던 작은 행동들에 시간이 더해지자 작품은 늘어간다. 3개월에 1권. 1년이면 3권. 10년이면 30권. 앞으로 얼마나 더 많은 글을 쓰고 책을 얻게 될까 생각하다보니 그저 좋아서 자꾸 웃음이 난다.

친정은 언제나 좋다
• • •

삶이 고되면 엄마가 보고 싶다. 네 아이 키우며 버둥거리며 사는 나는 힘들 때면 다섯 명을 키워 낸 엄마 품이 그립다. 그 시절, 식모까지 있었던 집에서 살았다는 엄마는 살림살이 하나 없는 홀어머니 밑에서 자란 가난한 남자에게 시집왔다.

"왜 아빠랑 결혼했어?"라고 말하면 엄마는 속아서 결혼했다고 말했다. 당사자인 엄마의 의사는 별로 중요하지 않았고 주변 상황과 사람들이 두 사람의 미래를 결정했다. 그땐 다 그랬단다. 결혼할 때 되니까 누가 중매를 섰고, 그렇게 결혼이란 중차대한 일을 지금은 도저히 이해할 수 없는 방식으로 치렀다고 말한다.

가난도 가난이었지만 평생 엄마를 힘들게 한 건 아빠의 가부장적 모습들이었다. 밖에서는 그렇게 인자하고 호탕한 좋은 모습이면서 엄마 앞에서는 늘 강하고 무서운 사람이었다. 엄마가 집을 비우는 일도 별로 없었지만, 가끔 엄마가 집을 비우면, 아빠에겐 부엌에 들어가서 음식을 손수 차리는 일보다 식당에 가서 사 먹는 일이 더 쉬웠다. 엄마는 시골에서 농사짓고 소 키우며 전혀 가정적이지 않은 남편과 살면서 아이 다섯 명을 낳고 키워 낸 것이다.

내 위로 오빠가 한 명 있는데도 아빠는 아들 하나 더 낳아 오빠에게 형제를 만들어 줘야 한다며 오빠 밑으로도 두 명을 더 낳았다. 인생은 계획대로 되지 않는 법이다. 아들 밑으로 딸이 연달아 둘이 나왔고 그때서야 두 분은 아들 한 명 더 낳고 싶은 마음을 접었다. 젊은 시절 아빠는 수시로 흙을 파서 농사를 짓고 소똥 치우고, 소 밥 주는 시골살이의 고됨을 술로 달랬다. 젊을 때 혹사당한 몸은 아빠의 노쇠함을 기다렸다는 듯이 나이가 들어가자 반격을 시작했다. 뇌졸중으로 쓰러져 일주일간 의식불명 상태로 중환자실에 누워있었다. 의사는 깨어나시지 않으실 수도 있으나 깨어나셔도 반신불수가 될 수도 있다고 했다. 그때 나는 대학생이었는데 언니가 중환자실에 들어가기 전에 절대 울지 말라고 신신당부를 했는데도 침대에 누워있는 아빠를 본 순간 눈물이 왈칵 쏟아지고 말았다. 노후에 찾아온 대장암도 아빠를 괴롭혔다. 여러 차례의 방사선 치료와 항암제 투여는 아빠의 심신을 갉아먹고 있었다.

"이렇게 사느니 차라리 그만 살고 싶다."는 말씀을 내뱉으시며 힘들어했다. 여러 차례의 항암 치료로 암 덩어리가 작아져 수술로 제거가 가능하게 되었다. 그 와중에 배에 구멍을 뚫어 인공항문을 만든 후 소장의 끝을 인공항문에 연결해 비닐 백을 배에 붙여 대변을 받아내는 일은 불가피했다. '정말 이렇게까지 하면서 내가 살아야 할까?…'라는 생각이 수시로 불쑥불쑥 찾아와 괴롭혔을 것 같다. 아빠는 그 참혹한 시간들을 버티고 견뎠다. 여든을 바라보는 지금을 사는 아빠는 금주와 소식을 실천하고 자연을 벗삼아 매일 운동을 하면서 건강하게 지내신다.

힘든 고비를 잘 버티고 살아내신 아빠, 그리고 그 곁을 묵묵히 지키고 있는 우리 엄마가 늘 너무너무 감사하다. 어느새 마흔이 다 된 막둥이는 네 명의 아이들을 키우며 살고 있다. 마흔이 되었어도 철이 없는 딸은 삶이 고되고 힘들면 엄마에게 전화 걸어 눈물 바람이다. 그러려고 전화를 한 건 아닌데 전화기 넘어 엄마 목소리를 들으면 눈물부터 난다.

"엄마, 막둥이."

"응. 막둥이냐? 전화했냐?"

여기까지 말이 오가면 이미 가슴이 먹먹하고 눈물이 나서 대화를 이어갈 수 없다. 그냥 전화했다고 별일 없냐고 말하고는 서둘러 전화를 끊는다. '엄마'라고만 불러도 눈물이 난다는 건 엄마 품이 몹시 그리운 것이다. 상황은 열악하고 일이 많았으나 다 덮어두고 친정을 향했다. 좁은 차 안에서 여섯 식구가 지지고 볶으며 네 시간을 달려 그리운 친정집에 도착했다.

차가 멈추고 집 문을 열고 마당에 들어서니 엄마 아빠가 고구마 줄기를 다듬고 있었다. 난 눈을 의심하며 그 장면을 다시 쳐다봤다.

"엄마, 아빠! 막둥이 왔어. 근데 이게 뭔 일이여? 아빠가 고구마 순을 다듬는다고? 아빠가 이런 거 하는 거 나 마흔 평생 처음 보네."

엄마 아빠는 하얀 이를 드러내며 씩 웃으시며 달려 들어오는 손주들을 반기실 뿐 별 말이 없으시다.

"오메 엄마, 우리 아빠한테 도대체 무슨 일을 한 거야? 우리 엄마 진짜 대단하다. 어떻게 사람이 이렇게 변했대. 참말로 남자는 여자하기 나름이라더니 그 말이 딱 맞네."

다음 날, 멀리서 막둥이 왔다고 오빠와 언니들이 하나둘 집에 들어섰다. 이 집 저 집 조카들까지 다 모이자 시끌벅적 난리 통이다. 정신은 하나도 없는데 모두의 얼굴에는 웃음꽃이 피었다. 그 자리에서 내가 어제 상남자 아빠의 고구마 줄기 다듬는 사건에 대해 침을 튀기며 이야기했다. 사십 평생 처음 보는 모습이라고. 그러자 큰 언니가 자기도 오십 평생 처음 본다며 말해서 가족 모두가 박장대소했다.

행복이 넘쳤던 짧고 굵은 일정을 마치고 집으로 돌아왔다. 다음 날, 부엌에서 가족 밥상을 차리는 날 보고 남편이 말했다.

"어제까진 막내 얼굴을 하고 있더니 오늘은 다시 엄마로 돌아왔네요."

피식 웃으며 썰던 호박을 마저 썰어 밀가루 반죽 속에 밀어 넣었다. 엄마가 따 준 호박으로 호박 부침개를 해 먹을 참이다. 호박 부침개에 엄마, 아빠의 정성과 온기가 가득 담긴 내가 제일 좋아하는 고구마순 김치를 올려서 먹어야겠다. 돌아오는 길, 이것저것 먹을 것을 많이 챙겨주셨고 냉장고에 엄마 음식으로 가득하다. 한동안 엄마 음식으로 밥 짓는 일의 고된 노동이 잠시 덜어질 듯하다.

친정을 나와 우리 집에 들어선 순간 난 다시 네 아이 엄마다. 엄마와 언니들의 수고로움으로 빚어진, 남이 차려주는 맛있는 음식들 먹으면서 마음 편히 쉬고 놀았던 시간들이 어느새 꿈만 같다. 삶이 고되고 힘들수록 친정 품이 그리운 이유일 것이다. 친정에서 아낌없이 퍼주는 사랑과 호의를 받고 오면 고갈된 에너지가 채워지고 다시 고단한 삶을 살아갈 용기가 생긴다. 이 시간은 얽히고설킨 인생의 숲속을 헤쳐나갈 에너지를 불어넣는다.

점점 야위고 조금씩 늙어가는 부모는 아직도 그들 앞에 선 어리광을 피우고 싶은 막둥이 마음을 섧게 한다. 이 늙은 부모가 언제까지 우리들의 그늘막이 되고 우리 형제들의 구심점이 되어줄 수 있을지 생각하다 눈시울이 붉어지고 만다. 자연의 순리를 거스를 수는 없지만 한 번씩 방문할 때마다 부모의 노쇠함을 확인하는 일은 결코 쉽지 않은 일이다. 그럼에도 크게 편찮으신 곳 없이 우리 곁을 지켜주심이 그저 감사하고 행복하다.

.

휴직과 복직 사이

· · ·

꿈 많던 이십 대 시절, 그 많던 직업의 세계를 뒤로하고 청운의 꿈을 품고 공직의 길에 들어섰다. 첫 직장은 면사무소였다. 시청에서 발령장을 받고 나를 데리러 와준 고마운 사송 주무관님 용달차에 올라타 시골길을 달려 도착한 그곳. 면장님께 인사를 드리자마자 온 직원들이 우르르 몰려나와 차를 나눠 타고 어디론가 향한다. 그곳은 바로 마을 회관이었고 마을 어르신들에게 신규 직원이라고 인사를 드리고 자리 잡고 앉자 내 앞에 던져진 질문은 바로 이것이었다.

"개 먹을 수 있어? 개 못 먹으면 닭을 줄까?" 이렇게 '개냐 닭이냐'의 선택의 기로에서 내 공직 생활은 시작되었다. 내가 태어난 곳은 전라도 촌 동네인데 태어나 한 번도 그곳을 떠나본 적이 없다. 그렇게 처음 고향을 떠나 직장을 잡은 곳은 경기도. 그 서울 옆 경기도 말이다. 촌에서 나고 자란 내가 도시 사람이 된 것 같은 우쭐한 기분이 들었다. 온 동네 사람이 마을 회관 앞에 돗자리 깔고 앉아 보신탕을 나눠 먹는 풍경이 내 눈앞에서 펼쳐지기 전까지 말이다.

전라도민이 경기도민이 된 후 얼마 지나지 않아서 경기도도 경기도 나름이지 내가 근무하는 '안성'은 도농 복합도시로 농촌의 색채가 더 짙은 곳이라는 것을 알게 되었다. 난 그저 전라도 농촌에서 경기도 농촌으로 삶의 반경이 달라졌을 뿐이다.

첫 휴직은 첫아이를 임신 하자마자 하게되었다. 면사무소에서 3년을 근무하고 드디어 본청으로 자리를 옮겼다. 아직 어린 9급 신규 공무원의 눈에 면사무소보다는 시청 저 큰 건물 안에서 일하는 것이 뭔가 더 공무원다워 보였다. 민원대에 앉아 주민등록등본 혹은 인감증명서나 발급하는 일은 내가 생각해오던 공무원의 삶이 아니라 여겼다. 나보다 먼저 본청에 입성해서 척척 승진하는 입사 동기들을 보면서 조바심을 냈다. 며칠을 고민하다 인사담당자에게 전화를 걸어 인사 고충을 이야기하고 입사 3년 만에 하게 된 본청 근무였다.

청 내 천여 명의 급여가 내 손을 거쳐 나갔다. 첫 달은 급여가 안 맞아 문제점을 찾아내느라 밤을 새워야 했지만 새로운 업무 환경과 일이 보람차다 생각도 될 찰나, 헛구역질과 메슥거림이 시작되었다. 몇 달을 채 근무하지도 못하고 당연히 승진도 하지 못하고 육아휴직을 했다. 입덧이 너무 심해서 뱃속에 태아가 생기자마자 휴직했다. 그리고 첫 아이가 돌이 되자 젖을 떼고 다시 직장에 복귀했다.

2년 정도 지나 또다시 시작된 헛구역질. 첫째 딸과 두 살 터울로 이번엔 아들이 태어났다. 둘째도 건강하게 태어나 엄마 젖을 먹고 무럭무럭 자랐다. 셋째 계획은 없었다. 임신이 아니라 복직을 생각하는 것이 더 자연스러웠다. 둘째가 돌이 될 무렵 복직을 준비했다. 그런데 몸이 이상하다. 어김없이 다시 시작된 헛구역질. 아직 둘째 젖을 먹이고 있었기에 아닐 거라 확신하며 산부인과에 들어섰다.

"임신이시네요."

"네? 저 지금 모유 수유 중인데요?"

"가능성은 희박하지만 모유 수유 중에도 임신이 되기도 해요. 얼른 모유수유 끊어야 해요. 아가가 젖을 빨면 자궁 수축이 일어나 유산 위험성이 있어요."

이렇게 셋째는 희박한 가능성을 뚫고 형의 젖을 강제로 떼면서 우리에게 왔다. 복직은 당연히 물 건너갔고 복직 대신 세상에 나와 있는 두 아이와 뱃속의 또 다른 아이들을 키우며 육아휴직을 연장했다. 이렇게 둘째와 연년생으로 셋째가 태어났다. 셋째가 돌이 되어 서서 걷자 나도 조금씩 복직을 생각했다.

그렇게 휴직 3년 만에 회사에 복귀했다. 3년 동안 집안에서 애 키우고 살림하다 다시 사회인으로 사는 것이 흐뭇하고 좋았다. 육아와 직장 일을 병행하는 데서 오는 여러 눈물 나는 일들이 수시로 벌어졌으나 역시 나는 집 안보다는 집 밖이 어울리는 사람이었다. 교통정책과에서 주차위반 차량에 주차위반 과태료 부과하는 침익적 행정행위를 하는 것이 나의 업무였고 살면서 욕을 가장 많이 얻어들었다. 전화벨은 끊임없이 울려대고 받으면 여지없이 불평, 불만 심하면 욕이 튀어나왔다. 내 행위가 타인의 마음을 상하게 하고 원성을 들어야 하니 감정은 늘 불편했고 스트레스도 많았다.

다음 인사 때, 드디어 인사발령이 났고 이번에는 토지민원과. 토지대장, 지적도, 토지이용계획 확인원 이런 토지 관련 서류들을 발급해 주니 욕하는 사람은 없었다. 이제야 마음이 놓였다. 나는 내가 해야 할 일을 할 뿐인데 욕 먹는 일이 많았는데 이번에는 일하고 가끔은 칭찬도 들으니 그렇게 감사하고 좋을 수가 없었다.

나중에 알고 보니 내가 근무했던 교정정책과 그 자리는 늘 직무 기피 부서로 선정되는, 모두가 근무하기 꺼리는 자리였고, 그 후 근무하게 된 민원실은 애 키우는 엄마들이 가장 근무하기 원하는 선호도 1순위 자리였다. 최악의 자리는 나를 강하게 만들었고 최상의 자리에 앉게 되었을 때 감사와 행복을 부풀리는 데 지대한 영향력을 발휘했다.

애 키우며 근무하기 좋은 이곳에서 착실히 휴직 없이 근무하다 7급 승진도 하고 아이 세 명 잘 키우면서 일하면 되겠다 싶었다. 내 인생의 그 어느 때보다 안정되고 열정도 끓어오르던 차였다. 아이를 세 명이나 키우면서도 씩씩하고 밝게 일하는 워킹맘. 그것이 내 모습이었고 안정되고 평탄한 길이 내 앞에 펼쳐졌다.

속이 메슥거린다. 불맛 나는 매운 짬뽕 생각만 난다. 그렇게 맛있게 먹어대던 구내식당 흰 쌀밥을 한 숟가락도 입에 넣고 싶지 않다. 정말 인정하고 싶지도, 상상조차 하기 싫었지만 내 자궁 깊숙한 곳에서는 이미 그 무엇이 꼬물거리고 있었다. 다음날 임신 테스트를 하고 바로 병원에 가서 임신 확인을 받자마자 직장에 휴직을 통보했다. 후임자 올 때까지만 버티라는 말도 7급 승진이 코앞이라는 말도 무용했다. 난 그저 방바닥에 드러눕고만 싶었다.

그렇게 또다시 시작된 육아휴직 기간이 4년이 다 되어 간다. 그러고 보니 공직에 입문한 지 13년 차인데 아이 네 명을 낳고 키우느라 공직에서 비켜서 있던 시간이 더 많다. 예상치 못한 '코로나'라는 비상시국이 이렇게 오랫동안 집 안에 붙들어놓았다. 학교도 어린이집도 가지 못했던 네 명은 다 집에 머물렀다. 그 시간 동안 끼니때 되면 밥을 짓고, 어린아이 돌보면서 초등학생들의 온라인 학습까지 도와야 했다. 밥 지으며 눈물과 한숨도 함께 짓는 날이 많았다.

내년이면 첫째는 5학년, 둘째는 3학년, 셋째는 2학년, 넷째는 다섯 살이 된다. 나는 회사에 복귀한다. 아이 네 명을 돌보며 직장 생활을 해낼 수 있을지 걱정되고 두렵지만 해 보려고 한다. 복직 전 누릴 수 있는 육아휴직의 시간이 얼마 남지 않았다. 마음이 그 어느 때보다 더 바빠졌다. 하고 싶었으나 육아하느라 미뤄둔 일들을 하나하나 해보고 있는 중이다. 회사 복귀하면 이 시간이 얼마나 사무치게 그리울 것을 알기에 지금, 여기에서 행복만을 마음 가득 채워본다. 휴직과 복직을 거듭하며 아이 네 명을 낳고 돌보고 난 다시 복직을 앞두고 있다. 육아휴직이 육아를 위한 휴직이 아니라 육아로부터의 휴직이라면 모를까 난 이제 육아휴직은 그만하고 싶다.

어떻게든 뭐라도 쓴 덕에 지금 내가 있다

• • •

나의 지하실은 화장실이었다. 복작거리는 네 아이 틈바구니에서 사는 동안, 지금 당장 쓰지 않으면 지금 찾아온 감정이 사라질까 조바심을 내면서 서둘러 블루투스 키보드와 휴대전화를 챙겨 화장실로 들어갔다. 뭔가 쓰고 있으면 이 아이 저 아이 엄마 찾는 소리가 온 집안을 울려 퍼지고 난 화장실 문을 열고 "잠깐만, 잠깐만, 잠깐만 기다려줘. 엄마 여기까지만 쓰고."를 외쳐대며 그 생각을 어떻게든 글에 담아보려 분투했다.

내가 쓴 글들이 한 권의 책에 담겨 세상에 나오고 이제 막 글맛을 좀 알았는데 넷째가 생겼다. 이것은 축복이기도 했고 형벌이기도 했다.

넷째는 재앙과도 같은 입덧을 데리고 왔다. 이 고통의 시간 속에서 한 개 두 개 올라오는 내 책 서평을 보면서 가끔 미소 짓고 때론 눈물지으며 하루하루를 보냈다. 입덧이 끝나고 배가 더 불러오면서는 직접 독자들을 만나 북 토크도 하고 강연도 해 보았다. 넷째를 뱃속에 품고 1%의 행동력으로 꿈을 향해 한 발 한 발 다가가는 시간이었다.

넷째가 세상에 나오자 이 무력한 신생아 아가는 살기 위해 내 젖가슴을 파고들었다. 동시에 그 위의 나머지 세 아이의 돌봄 노동도 소홀히 할 수 없었다. 글 쓸 여유도 틈도 없었다. 겨우 틈을 찾자면 아가 잘 때뿐이었다. 하지만 젖을 먹이는 어미는 아가 잘 때 따라 자지 않으면 그다음 수유 타임까지 버텨낼 힘이 없다. 이 와중에도 가끔 쓰고 싶어 안달 나는 마음이 생기면 잠을 포기하고 쓰기를 택했다. 가끔 그때 그렇게 수면욕을 이기고 써낸 글을 끄집어내 읽어본다. 그 상황과 마음이 함께 떠오르면서 눈물부터 난다. 안 쓰는 것보다는 쓰길 잘한 것 같다.

조그마한 여유만 있어도 정말 글이 술술 써질 줄 알았다. 그때 그 신생아 아가도 꽤 자라 엄마 곁에 머무는 것보다 형아 하고 놀기를 즐기니, 이렇게 생긴 틈을 이용해 이제 화장실로 달려가는 대신 잠깐 책상 앞에 앉을 수도 있게 되었다. 지금 쓰는 글은 육아의 최전선에서 늘 잠이 부족한 어미가 잠을 포기하고 쓴 글에는 늘 못 미친다. 머릿속에 쓰고 싶은 말은 엄청 많은데 정작 하얀 지면 앞에서는 늘 망설이고 주춤한다. 무엇을 어디서 어떻게 써야 좋을지 막막할 때가 많다.

어느 슬픈 날, 화장실에 숨어 쓴 글

민찬이 피해 화장실에 숨어서 겨우 글을 쓰고 있다. 이 밤이 지나기 전에 꼭 글에 담아놓고 싶다. 이 시간이 지나면 다시는 이 마음과 감정을 글에 담지 못할 것 같아서 조금 무리를 해본다.

남편과 나는 긴 하루를 마무리하려 각자의 욕실로 들어가 씻을 준비를 하고 있었다. 작은 방에서 민찬이의 자지러지는 울음소리가 들렸다. 밤이 되면 이미 몸과 마음이 지쳐 녹초가 되어버린 나는 웬만한 울음소리에는 동요치 않는다. 그런데 이번 울음소리는 심상치 않았다. 그 순간, 둘째 손아귀에 보물단지처럼 감싸 쥐고 왔던 점토로 만든 용인가 이무기인가 암튼 그것이 뇌리를 스쳤다. 민혁이는 그것을 자기가 얼마나 힘들게 만들었는지 흥분하며 이야기를 이어갔고, 꼬리 부분에도 빗살무늬를 세세하게 새긴 것을 보여주면서 손수 만든 창작물에 대한 사랑을 과시했었다.

옷을 벗다 말고 빛의 속도로 작은방으로 달려들었다. 역시 내 불길

한 예감은 적중하고 말았다. 민혁이는 화난 맹수로 변신해서 민찬이를 공격하고 있었고 민유는 그런 형아의 공격으로부터 민찬이를 보호하려 애쓰고 있었다.

그 장면을 보는 순간, 모든 상황이 파악되었다. 예전 같았으면 결과만 보고 민혁이에게 확 쏴 붙였을 텐데 민혁이의 화나고 속상한 마음이 이해가 되어 민혁이의 민찬이를 향한 몇 번의 밀침과 폭력에 강하게 맞서지 못하고 지켜보고만 있었다. 저렇게 해서라도 아이 마음이 조금이라도 누그러뜨려지길 바랄 뿐이었다.

둘째는 넷째를 집어던졌고 그럴 때마다 셋째는 둘째를 다시 데려와 어르고 달래주었다. 그러다 한 번은 형의 강한 공격에 셋째가 형을 공격하는 듯한 손짓을 했고 그 모습에 더 화가 난 둘째가 셋째를 끌어당겨 누르고 때리고 했다. 너무 심한 것 같아 말리긴 했으나 적극적으로 개입하진 않았다. 겨우 형아의 손아귀에서 빠져나온 셋째는 아무 소리도 안 하고 벌게진 얼굴을 하고는 다시 넷째에게 다가가 자기 품에 민찬이 얼굴을 파묻고는 토닥인다. 그 모습에 눈시울이 붉어지고 말았다.

너무 화가 난 민혁이 마음도, 이 상황에서도 절대 흥분하지 않고 참고 또 참는 민유 마음도, 형아 물건 실수로 망가뜨렸다가 된통 당하고 있는 민찬이 마음도 다 알 것 같았다. 어느 누구의 편도 들어줄 수 없고, 어느 누구의 손도 잡아줄 수 없는 기가 막힌 상황 속에서 난 그저 눈물만 흘리고 있었다. 걷잡을 수 없는 상황을 남편에게 말했고 남편은 민혁이 편을 들어주면서 나에게 얼른 민찬이 데리고 다른 방으로 가라고 했다. 그렇게 난 둘을 분리 시켰는데 작은 방에서 민혁이의 울분에 쌓인 외침 소리가 끊이질 않았고 아파트 위아래층에서 쫓아 올까 봐 걱정이될 정도였다. 한참 후 민혁이는 다시 민찬이가 있는 방으로 쫓아와 민찬이를 밀치며 분노 표출을 했다.

난 얼른 "민찬아 얼른 형아한테 잘못했다고 해. 그니까 왜 네가 형아가 그렇게 소중하게 여기는 것을 망가뜨렸어? 형아 잘못했어요. 용서해 주세요 해."

엄마의 말을 알아들은 민찬이가 두 손을 비비며 형아에게 용서를 빌었고 형아를 안았다. 그러자 민혁이도 눈물을 뚝뚝 흘리며 민찬이를 안았고 그 후 방문을 '쾅' 닫고 다시 나가 버렸다.

우리 집에 폭풍우가 지나간 듯했다. 이제 민혁이의 분노가 폭발하는 소리는 더 이상 들리지 않았다. 대신 서럽게 흐느끼는 소리가 들렸고 그 소리에 너무 마음이 아파 나도 눈물이 났다. 한참 시간이 지난 후,

자꾸 부딪힘이 잦은 엄마 대신 아빠가 민혁이와의 대화를 시도했고 다행히 그 후 민혁이 마음이 많이 안정된 듯 했다.

　이렇게 길었던 오늘 하루도 마무리가 되어 간다. 정말 자식이 많으니 한시도 긴장의 끈을 놓을 수가 없다. 몸과 마음이 지쳐간다. 어서 자면서 에너지 충전해서 내일도 아이들과의 전쟁 속 시간들을 버텨내야지, 마음먹어본다.

부록

아이 입에서 쏟아져 나온 보석같은 말들은

날 웃게도 했고 다시 씩씩하게 살게도 했다.

육아의 말들

#까까

13개월이 된 민찬이가 요즘 제일 많이 하는 말은 바로 까까.

요즘 직접 내린 원두커피 한 잔과 버터링을 함께 먹는 시간이 제일 행복한 나.

민찬이가 잠든 틈에 얼른, 커피를 내려 버터링과 함께 먹으며 책을 읽는 호사를 누렸다.

민찬이가 깼다. 서둘러 달려가 거실로 모셔 왔다. 책상 위에 널부러져 있는 버터링 껍질을 집어드는 너.

그 초롱초롱한 눈망울로 날 집어삼킬 듯 바라보며,

"까까?" 한다.

내가 피식 웃자 나무라는 듯 과자 껍질을 세차게 흔들며 다시 한번

"까까?" 한다.

미안하다.

엄마가 다 묵었다.

#한 개만 가면 되는 거지?

어느 날 아침, 일어나자마자 눈도 못 뜨고
엄마를 찾아온 네가 물었어.
"엄마~ 오늘 어린이집 가는 날이야?"
"응 이제 오늘 한 번만 가면 돼."
머리를 막 굴리더니 네가 말했지?
"그럼 한 개만 가면 된다는 거지? 그럼 민찬이가 오늘 씩씩하게 다녀
올게."

그냥 무조건 좋아

처음 말을 배우기 시작하면서 네가 문장으로 이 말을 했어. "민찬아
사랑해" 하면 너는 우리에게 그 작은 입으로 "그냥 무조건 좋아"라고
말했어. 엄마 아빠는 그 말이 듣고 싶어 너에게 달려들어 "사랑해"를
외치고 네 입에서 기다리던 그 말이 튀어나오면 하늘이라도 뛰어 오
를 듯 기뻐하며 너와 볼을 비벼댔지.

#엄마 화났네

넷째로 태어난 너는 눈치가 빨라. 뭔가 잘못된 행동을 해서 엄마 표정이 굳으면 금방 꼬리를 내리고는 "엄마 화났네."라고 말하며 시무룩해지곤 해. 난 그런 네 모습이 너무 귀엽고 사랑스러워서 찌그러졌던 마음이 금세 펴지곤 한단다.

#너, 엄마 안 좋아하잖아.

자려고 누웠는데 개구쟁이 둘째 형아가 잠깐 민찬이가 자리를 비운 사이, 엄마 옆자리를 차지해 버렸다. 네가 형아한테 아무리 비키라고 해도 비켜주지 않았지.

"저리 가. 여기 내 자리야. 내가 엄마 좋아해."

그러자 둘째 형아가 "나도 엄마 좋아해." 한다.

그 말은 들은 민찬이 입에서 나온 말을 듣고 우리 가족 모두는 한바탕 웃음을 터뜨렸고 둘째는 결국 막내 동생에게 엄마 옆자리를 내주었다.

그 말은 바로 "너 엄마 안 좋아하잖아." 였다. 어린아이가 보기에서 매일 투닥거리는 엄마와 둘째 형아는 서로 사이가 안 좋아 보였나 보다.

#민찬이는 햇병아리 갔다와

　오늘 아침에도 민찬이는 "민찬이 잘 잤네"라고 말하며 눈을 뜨고 몸을 움직여 대며 엄마에게 부벼댔다. 거실에 나와 뽀로로 자동차를 타면서 작은 소리로 "민차 햇병아리 안 갈거야." 라고 말했다. 부엌에서 아이들 아침을 챙기던 나는 며칠 만에 날아든 아이의 어린이집 등원 거부 발언을 못 들은 척했다.

　'며칠 동안 씩씩하게 잘 가더니 왜 갑자기 또 안 간다고 하는거지?'

　'오늘 비가 와서 그러나…'

　'진짜 안 간다고 떼쓰면 어떡하지?'

　민찬의 한 마디에 머릿속엔 이런저런 생각들로 복잡해졌지만 아무것도 모르는 척 태연하게 해야 할 일들을 바쁘게 해내고 있었다. 잠시 시간이 흐른 후, 민찬이가 다시 작은 소리로 "엄마 청소하고 공부하고 민차이는 햇병아리 갔다와." 라는 소리가 멀리서 들려온다. 잠시 어린이집 안 가고 싶었던 뒤숭숭한 마음을 가지런히 정돈한 반가운 소리가 정확하게 내 귓가에 닿았다.

　너무 예쁘고 사랑스러워 씻던 그릇을 집어던지고 뛰어가 민찬이를 와락 안았다. 민찬이는 기억한 것이다. 엄마와 왜 떨어져 어린이집에 가야 하는지 알려줬던 엄마의 말을 말이다.

　지난달, 매일 울면서 등원하는 민찬이를 붙들고

"민찬아, 민찬이가 어린이집에 가면 엄마는 집에서 청소도 하고, 공부도 하고 있다가 민찬이 어린이집에서 돌아오면 '와 우리 민찬이 왔어?'하면서 엄마가 반갑게 맞아줄 거야." 이렇게 말했었다. 시간이 꽤 흘렀는데 민찬이는 엄마의 이 말을 마음에 담아두고 있었던 것이다. 우리 막둥이가 오늘 이렇게 또 엄마에게 감동을 줬다. 네 배의 고생과 네 배의 기쁨이 공존하는 삶이다. 한 시도 지루할 틈 없는 삶 속에서 늘 감사와 행복이 쏭알쏭알 맺힌다.

#더 잘 생겼어야 하는데

5년 전 갓난아기 때 사진이 휴대전화에 알람으로 전송되었다.
"민찬아 민찬아, 이거 봐봐."
"누구야? 나야?"
"응. 너야…."
"내가 왜 이렇게 생겼지?"
"응? 왜? 민찬아."
"더 잘 생겼어야 하는데."
하하하 민찬이 덕분에 배꼽 빠지게 웃었다.
가족 단톡방에 이 사건을 이야기하며 온 가족도 다함께 웃었다. 사무실 출근해 직원들에게 이 사진을 보여주고 민찬이가 했던 "더 잘 생겼어여 했는데"를 말하며 또 한참을 웃었다. 일하다가도 이 말이 떠올라 자꾸 웃음이 난다. 민찬이 덕분에 하루 종일 웃게 된다. 낳고 키울 때는 힘들었는데 이 아이들 덕분에 웃을 일이 많다.

"민찬아, 네 눈에는 지금 너의 모습이 훨씬 멋지고 잘생긴 모양이구나. 엄마 눈에는 아가 때 민찬이도 너무 귀엽고 예쁘고 사랑스러운데 말이야. 하하하."

#나 그냥 창피할래

어린이집 선생님으로부터 연락이 왔다. "어머님, 어린이집에서도 연습하기는 하는데 집에서도 민찬이 이름 쓰는 거 연습 같이 해 보시면 좋을 것 같아요." 민찬이가 하원해서 집에 왔다.

"민찬아, 엄마랑 오늘부터 이름 쓰는 거 연습 해 보자."
"혹시 다른 친구들은 이름을 다 쓸 줄 아니"
"민구도? 예지도? 사랑이도? 그럼 민찬이만 아직 이름을 못 쓰는 거야?"
"응 엄마." 민찬이는 이렇게 대답하고는 해맑게 웃는다.

"민찬아, 엄마가 도와 줄게. 오늘부터 연습해 보자."

"에이 나 하기 싫은데…"

"하지만 민찬아, 다른 친구들은 이름 다 쓰는데 너민 못 쓰면 안 창피해?"

"응, 안 창피해."

그래도 아이를 앉혀놓고 이름 쓰기를 연습시켰다. 조금 쓰다가 힘들다며 민찬이가 말했다.

"엄마, 나 그냥 창피할래."

아들의 말에 웃음보가 터져서 한참을 웃었다. 애처로운 눈빛의 민찬이가 한 그 다음 말에 난 완전 쓰러지고 말았다. "엄마, 나 어린이집 포기할래." 여섯 살 입에서 '포기'란 말을 듣게 될 줄이야. 아들아 '포기'란 이렇게 쉽게 쓰는 말이 아니란다. 말만 이렇게 했지 며칠 동안 포기하지 않고 노력했던 민찬이는 드디어 자기 이름을 쓰게 되었다.

'신'자, '민'자까지는 괜찮은데 '찬' 자를 쓰면서는

'이거 진짜 어려워, 진짜 어려워, 진짜 어려워'라고 중얼거리면서 연필을 꽉 쥔 손에 더욱 더 힘을 보태고 비장한 마음을 품고 '찬'자를 완

성했다. 'ㅊ'자를 쓰는 데 'ㅅ'자부터 쓴 다음에 그 위로 ㄱ을 그은 다음 맨 위 삐침을 찍는 기상천외한 방법으로 써 내려갔으나 아무튼 해냈다.

#방학이 이렇게 금방금방 끝나

엄마에게는 너무도 길게만 느껴졌던 방학이 드디어 끝나고, 개학날 아침, 형아들과 누나가 책가방을 챙긴다. 새벽에 자다 깬 민찬이가 그 모습을 보고 내게 물었다.

"엄마, 나 누가 봐줘?"

"응? 너도 어린이집 가야지."

"나, 방학했잖아."

"이제 너도 방학 끝났어. 어린이집 가야 해."

민찬이가 울먹이며 말했다. "방학이 어떻게 이렇게 금방금방 끝날 수가 있어?"

#왜 기분이가 없이 말해

옷장에서 뭘 좀 찾고 있는데 민찬이가 뭐라 말을 건넨다. 풍선 이야기였던가 정확하게 기억은 안 난다. 정확하게 알아듣지 못한 민찬이 말에 건성으로 '응'하고 대답하자, 민찬이가 말했다. "엄마, 왜 이렇게 기분이가 없이 말해?"

아주 빵 터져서 달려가 민찬이를 안으며 귀에 대고 속삭였다.

"민찬아, 미안해. 엄마가 기분이가 없이 말해서 정말 미안해."

우리들이 흔히 말하는 영혼 없이 말한다는 말인가보다. 기분이가 없이 말한다는 이 아이의 말이 너무 신선하고 웃겨서 배꼽을 잡고 실컷 웃었다.

#간지러운 건 참아야 하는 거지?

민찬이가 아침에 일어날 때부터 짜증을 내기 시작하더니 어린이집에 갈 시간이 다 될 때까지 징징거린다. 깨울 때도 평소와 다르게 "조금밖에 안 쉬었는데 왜 어린이집에 벌써 가는거야?" 하면서 투덜거린다.

"어린이집에 가기 싫어."부터 시작해서 밥을 먹을 때는 "밥이 맛이가 없다."고 짜증을 부리고, 옷을 입혔더니 이번엔 또 간지럽다고 난리다.

난 그런 민찬을 향해 솟구치는 화를 다스리지 못하고 소리를 지르고 말았다.

"야, 신민찬, 너 오늘따라 왜 이렇게 징징 대? 엄마가 징징대는 거 제일 싫어하는 거 알아 몰라? 응?"

도깨비로 변신한 엄마 모습에 민찬이 얼굴이 금방 울상이 되었다. 눈에는 눈물이 한가득 고였다. 그리고 내게 이렇게 말했다.

"엄마, 간지러운 거는 참는 거지? 참아야 하는 거지?"

나는 또 진다. 나는 매번 이 작은 아이에게 지고 만다. 얼른 가서 안았다.

"어머 어머, 민찬아, 네가 진짜로 간지러운 거였구나? 엄마가 얼른 긁어줄게. 엄마가 민찬이 마음도 몰라주고 정말 미안해."

어린이집 차 올 시간이 다 되어 얼른 신발 신고 나가 엘리베이터 기다리는 동안 민찬이 옷 속으로 손을 집어넣어 박박 긁어줬다. 민찬이 얼굴이 보름달처럼 환해지더니 이내 함박웃음을 짓는다.

"엄마, 이제 안 간지러워, 시원해."

어린이집 차가 모퉁이를 돌아 우리 앞으로 오고 있다.

"민찬아, 엄마가 아침에 짜증 내고 화내서 정말 미안해. 우리 민찬이 어린이집에서 신나게 잘 놀고 와."

"응 엄마, 내가 엄마 용서해 줄거야."

민찬이는 이렇게 말하고 구십도로 허리를 굽혀 내게 인사하고 어린 이집 차에 올랐다. 노란 버스가 우리 민찬이를 태우고 출발한다. 나도 얼른 뛰어서 파랑 모닝에 시동을 걸고 사무실로 향한다. 향하는 차 안에서 생각이 많아진다. 늘 다정하고 자애로운 엄마를 꿈꾸지만 나는 자주 짜증을 내고 화도 잘 낸다. 아이 마음을 먼저 헤아리자고 마음을 먹어 보지만 오늘도 나는 내 감정에 휩싸여 아이 마음 들여다보는 것에 실패하고 만다. 너무 동동거리지 말고 조금 천천히 해도 괜찮다고 지금도 잘하고 있다고 내가 나를 토닥여 본다.

#올라가는 건지 몰랐는데

어떤 행사가 끝나고 헬륨가스 풍선을 손에 받아 들고 집에 갔다. 이 풍선은 하늘로 날아오르기에 날아가지 못하도록 묵직한 물체가 끈 끝에 붙어있었다. 그런데 민찬이는 자꾸 나에게 그 끈을 잘라달라고 했다. 아마 지금까지 일반 풍선처럼 자유롭게 가지고 놀고 싶었을 것이다. 이 풍선을 끈을 자르면 자꾸 하늘로 날아오를 거라고 아무리 설명해줘도 자꾸 잘라달라고 조른다. 엄마를 아무리 졸라도 희망이 없자 형아에게 부탁해 자른 모양이다. 그런데 자꾸 이 풍선이 방 천장에 달라붙어 민찬이가 닿을 수 없는 곳에 머물렀다.

민찬이는 엄마 손길 없이 풍선을 다시 자기 품으로 가져올 수 없게 되었다. 저녁 밥 차려 먹이고 치우고 정신없는 틈에 민찬이는 한 번 두 번 세 번 네 번 자꾸만 나에게 풍선을 내려 달라 날 불렀다. 횟수가 거듭될수록 풍선을 내려주는 내 손이 거칠어졌다.

"그만하라고 했다. 그니까 엄마가 아까 그 끈 자르면 안 된다고 말했어, 안 했어?"

결국 폭발하고 말았다. 민찬이는 불화살을 쏘며 마지막이라며 엄포를 놓으면서 내려준 풍선을 품에 안고는 훌쩍거리며 안방으로 들어갔다.

베란다에 뭘 좀 찾으러 갔다가 창문으로 울고 있는 민찬이를 몰래 지켜보는데 민찬이가 울면서 자꾸만 뭐라고 중얼거린다. 처음엔 무슨 말인지 알아듣지 못해 귀를 더 기울였더니 드디어 그 말이 들린다.

"진짜 올라가는지 몰랐는데…

정말 올라가는 건지 몰랐는데…

올라가는 건지 정말 몰랐는데…"

민찬이는 이 말을 되풀이하며 울고 또 울었다. 그러는 사이 품 안에 있던 풍선마저 품을 떠나 천장에 달라붙자 민찬이는 좌절했다. 엄마한테 내려달라고도 못하는데 어찌할까 하며 하늘이 무너진 듯한 표정을 짓고는 이불 위로 퍽 쓰러져버렸다. 그 당시 민찬이의 심장을 헤아리니 가만 있을 수 없었다. 다섯 살 아이에게 이보다 더 중차대한 일이 없을 거라 여겨졌다. 너무 슬플 것 같았다. 그리고 민찬이는 태어나 처음 본 헬륨가스 풍선이다. 풍선이란 것이 정말 하늘로 치솟을 수도 있다는 것을 생각할 수 없었을 것이다. 얼른 뛰어들어가 아이를 안았다. 서둘러 천장에 달라붙은 풍선을 내려 품에 안기며 민찬이를 안았다.

"우리 민찬이가 이 풍선이 올라갈 줄 몰랐구나. 정말 몰랐구나. 엄마가 미안해." 그때서야 민찬이 얼굴이 보름달처럼 환해진다.

#약 먹고 나으면 어린이집 가야하잖아

민찬이가 아프다. 밤새 열이 나고 목이 아프다며 찡찡댄다.

"민찬아, 약 먹자."

"약 안 먹을래."

"왜? 왜 약을 안 먹어?"

"약 먹고 나으면 어린이집 가야 하잖아."

와, 신민찬이 널 어찌 당하랴.

약 먹고 나아도 하루는 쉬게 해 주겠노라고 약속을 하고 약을 먹였다.

#엄마가 봐주니까 좋다

고된 하루를 마무리하며 드디어 자리에 누웠다. 얼마 지나지 않아 잠에 빠져들었다. 잠결에 민찬이가 엄마를 부르는 소리를 들었다. 개미 목소리로 내 몸을 흔들며 "엄마 좀 일어나봐. 엄마 좀 일어나봐." 한다.

이미 잠에 빠져들었던 나는 눈도 못 뜬 상태로 왜 그러냐 물으니 바지에 오줌을 쌌단다. 이 아이는 기저귀를 떼고 나서 이불에 오줌을 싼 적이 손에 꼽을 정도다. 더군다나 더 자라면서 이런 일이 없었는데 갑자기 웬 오줌? 짜증이 솟구쳤다. 천근만근 무거운 몸과 눈꺼풀은 화를 증폭시켰다. 왜 화장실에 가지 않았냐고, 네가 혼자 옷을 갈아입으라고 소리를 빽 질렀다.

"너 왜 그랬어? 왜 화장실이 바로 옆인데 옷에다 오줌을 싼 거냐고?" 난 자꾸 겁에 질린 아이를 다그쳤다.

민찬이는 울먹이며 "까먹었어요." 했다. 거친 손놀림으로 민찬이를 씻기고 옷을 갈아입히고 아이에게 아무 말도 않고 잠을 자 버렸다.

그다음 날, 사무실에 출근했는데 하루 종일 마음이 뒤숭숭하다. 어젯밤 일이 마음에 얹혀 자꾸만 자책을 했다.

'아고 다섯 살이면 그런 실수 당연히 할 수 있는데 내가 어찌 그 어린 것을 그리 잡았을꼬....' 후회는 늦었고 자책은 깊고 길게 날 공격했다.

퇴근 후, 민찬이 만나자마자 사과부터 했다. "민찬아, 어제 밤에 민찬이가 옷에 오줌 쌌다고 엄마가 짜증내고 화내서 너무 미안해. 민찬이 아직 어린데 엄마가 정말 너무했어." 이렇게 말하자 민찬이가 날 꼭 안아주며 "괜찮아, 엄마. 용서해 줄게." 했다.

이 일이 있고 난 다음날 아침, 새벽에 일어나 책상 스탠드 불빛 아래서 일기를 쓰고 있는데 갑자기 잠에서 깬 민찬이가 조용한 목소리로 "엄마, 바지 갈아 입을게." 한다.

"왜? 바지에 오줌 쌌어?"

대답도 못 하고 고개만 끄덕인다. 음…짜증이 올라오는 걸 겨우 눌렀다. 어제 밤 그렇게 사과를 했는데 화를 낼 수도 없는 노릇이다. 아무 말도 않고 조용히 바지를 벗기고 물로 씻겨 주었다. 새 바지를 입히고 있는데 내 귓가에 대고 민찬이가 조용히 속삭인다.

"엄마가 봐주니까 좋다."

아이들은 너무 예쁘고 사랑스럽지만 아이들과 함께 살아가기 위해 지탱해야 하는 일상의 노동은 너무 버겁다. 자주 헉헉대고 안 그럴려고 해도 하루의 끄트머리에선 자주 사나워지고 만다. 아무리 반성과 자책을 해 보아도 이것들은 머지않아 도돌이표처럼 돌아오고 만다. 오늘도 이렇게 마무리 되어 간다. 하루 종일 마음에서 맴돌던 이 일을 글에 담아보며 숨 고르기를 해본다.

#또 애기 낳겠네

내가 사는 아파트는 재활용 쓰레기 버리는 날이 정해져 있다. 일주일에 두 번 정해진 시간에만 분리수거를 할 수 있다. 일요일, 비가 부슬부슬 내리고 있긴 했으나 쌓여있는 재활용 쓰레기가 꼴보기가 싫었던 나는 남편에게 말했다.
"재활용 쓰레기 버리고 올 거죠?"
"비 안 올 때 버리면 안 될까요?"
"그럼 그냥 내가 버리고 올게요."

"아냐, 내가 버리고 올게요."

"괜찮아요, 내가 버리고 올게요."

우리 두 사람 곁에서 팽이 놀이를 열심히 하고 있던 둘째가 우리를 쳐다보지도 않은 채로, 팽이를 계속 돌리면서 조용히 말했다.

"또 애기 낳겠네."

우리 둘 다 어찌나 웃었는 지 눈물이 다 날 지경이었다.

엄마 이름은 포도송이

얼마 전 길거리에서 네 살 민유의 친구를 만났다. 누구네 집 아들인지 궁금해서 너 아빠 성함이 뭐야? 엄마 성함은 뭐야? 또박또박 대답도 잘한다.

"아, 너가 누구 아들이구나 아고 예뻐라."

순간 우리 아들이 엄마 이름을 알고 있나 궁금했다. 잔뜩 기대를 하고 물었다. 하지만 아들은 엄마 이름을 몰랐다. 내가 엄마 이름을 알려 준 적이 없다는 것을 알아차렸다.

그 날밤, "민유야 엄마 이름은 이송이야. 포도송이 알지? 포도송이. 그 포도송이 할 때 송이 말이야."

그리고 며칠이 지났다. 오늘 아침 영어방송 들으러 맞춰놓은 알람 소리에 아들도 벌떡 일어난다. 그리곤 난데없이 내 옆으로 와서 다시 누우며 눈도 못 뜬 상태로 "엄마… 나 엄마 이름 알아." 한다.

"진짜? 우와 역시 우리 아들 최고다. 엄마 이름이 뭔데?"

포도송이.

웃음보가 터지고 말았다. 배꼽을 잡고 웃으며 신랑을 불러 이 상황을 이야기해 주었다. 아침부터 온 가족이 한바탕 웃었다.

에필로그
엄마인 당신, 괜찮은가요?

네 명의 아이들을 키운다는 것은 내 시간이 없다는 것이다. 무엇을 계획하고 무엇을 하고 싶어도 그 모든 것들은 수포로 돌아가기 십상이다. 나중에보다 지금. 어디 가야만이 아니라 내가 서 있는 여기에서, 순간을 온전히 누리고 차오르는 행복감을 만끽해야 한다. 아이들과 시간을 보낼 때는 함께 신나게 웃고 떠들며 논다. 틈이 생기면 앞치마 두른 채 내 시간을 누린다. 지금, 여기에서 행복한 것이 가장 행복하고 감사한 것이다.

몇 달째 스타벅스에 가지 못해 불평불만이 차오를 때까지 기다리는 것이 아니라 지금 당장 온전한 나를 살 수 있게 했다. 집 베란다 구석에 캠핑 의자 하나 놓고 나만의 공간을 마련했다. 커피 한 잔 들고 책한 권 들고 가서 스타벅스 음악 세팅하면 그곳이 세상 그 어디에도 없는 나만의 카페로 변신한다. 창밖으로 내다보이는 들판과 바람에 흔들리는 나뭇잎들을 배경 삼아 잠시 내 시간을 누린다.

육아와 나 사이에서 아이들을 향해 분노와 애정을 동시에 느끼며 분투하는 시간들을 통과 하면서 아주 조금씩 그리고 천천히 아이들과 함께 나도 자라는 중이다.

막둥이로 태어나 늘 위의 오빠, 언니들에게 챙김 받는 것에 익숙했던 나는, 네 명의 아이들을 챙겨야 하는 옴짝달싹 할 수 없는 엄마의 삶을 살게 됐다. 엄마가 보고 싶어 전화를 걸면 '엄마'라고 부르기만 해도 눈물이 왈칵 쏟아져 "엄마, 찌개 넘친다. 내가 이따 다시 할게."라고 말하고는 서둘러 전화를 끊는 일이 수시로 벌어졌다.

코로나가 다시 잠잠해지고 어린이는 어린이집이, 학생들은 학교에서 돌봐주고 밥도 해 주니 다시 틈이 생겼다. 시간 나면 가장 하고 싶은 일이 읽고 쓰는 일이고 시간이 없을 때도 어떻게라도 했던 일이 읽고 쓰는 일이니 읽고 쓰면서 그간의 삶을 토닥이고 앞으로의 삶을 꿈꾼다.

난 정말 올해가 마흔인 줄도 잊고 살았다. 아예 인지하지 못했다는 말이 더 맞다. 서른아홉과 마흔. 그 사이를 메우는 1년이란 시간. 하지만 삼십 대와 사십 대가 주는 어감은 1년이란 간격을 훨씬 넘어섰다. 거기다 중년이니 불혹이니 하는 말들은 뭔가 더 의미심장하게 다가왔다. 그렇다 나는 마흔이다. 마흔이 된 나는 초등학교 4학년 큰딸과 네 살 아이 그리고 그 중간에 초등 1학년과 2학년 연년생 아들을 키우고 있다.

내 삶을 망가뜨린다고 생각되었던 넷째 아이가 내 삶의 빛나는 보석이 되는 과정을 복기하며 많이 울었다. 뱃속에서 키우던 열 달의 시간, 아가가 생기고 지독한 입덧이 시작되면서 다니던 직장은 휴직했다. 내 사회생활은 다시 멈추었으나, 그즈음 출간된 책 덕분에 북토크와 강연회를 했다. 배불뚝이 임신부의 몸에 과한 선물같은 기회였다.

산후출혈로 위험한 고비를 넘기며 넷째를 세상에 내놓았고 세 아이를 돌보며 갓난아기를 돌보는 노동 환경에서 매번 좌절하고 무너졌다. 수시로 눈물이 났고 내 삶은 없었다. 그 와중에 절규의 마음으로 수면 시간을 잘라 내 뭐라도 썼다. 살기 위해 썼고 진짜 그렇게 쓴 글이 날 살렸다.

넷째도 돌이 되어 걷게 되자 복직 생각하게 될 찰나, 코로나라는 예상치 못한 전염병이 온 세상을 덮쳤고 우리 집 일상도 산산조각 났다. 학교와 어린이집에서 내쳐진 아이들은 고스란히 다시 내 품에 안겼고 난 돌봄과 가사 노동에 학습의 짐까지 떠안아야 했다. 울어대는 넷째를 등에 업고 초등학교 1, 2, 4학년의 온라인 학습을 돕고 중간중간 부엌을 오가며 아이들 끼니를 챙겼다. 이 시간에는 정말 글과 책은 사치였고 잠시 숨 돌릴 틈이라도 있으면 난 꾸벅꾸벅 졸았다.

다시 학교와 어린이집이 아이들을 품어주고 잠시 내 삶을 돌아보니 내게 어느새 마흔이 배달되어 있었다. 10년 동안 다니던 직장에서는 휴직과 복직을 왔다갔다 하면서 네 명의 아이를 낳고 돌봤다. 그리고 나는 이렇게 마흔이 되었다.

마흔이 된 나를 잘 돌보고 싶은 마음이 점점 커지고 있다. 현실 속 나는 부족하고 서툴고 엉망진창의 모습을 하고 있지만 적어도 쓰고 있는 나는 글 안에서 헝클어진 내 삶을 이리저리 매만지고 정돈해 보려 애쓴다. 이런 애씀의 시간을 보내는 내가 좋다. 삶과 글의 선순환을 믿기에 오늘도 뭐라도 쓴다.

괜찮냐고 마흔이 물었다

초판 1쇄 발행 | 2024년 8월 9일

지은이 | 이송이
펴낸이 | 김지연
펴낸곳 | 마음세상

주소 | 경기도 파주시 한빛로 70 515-501

출판등록 | 제406-2011-000024호 (2011년 3월 7일)

ISBN | 979-11-5636-562-4 (03590)

원고투고 | maumsesang2@nate.com

* 값 16,500원